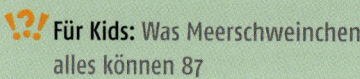

Gut zu wissen
Rund um Meerschweinchen

Aus Südamerika in unsere Herzen

In ihrer langen Geschichte vom Wildtier zum Heimtier haben die kleinen Fellbündel einen wahren Siegeszug angetreten: Bei Jung und Alt sind sie gleichermaßen beliebt. Problemlos zu pflegen, verschmust und hochinteressant zu beobachten.

Schweinchen aus Übersee

Die beliebten Meerschweinchen wurden nicht etwa bei uns in Europa zum Haustier gemacht. Schon lange bevor die Spanier in Amerika Fuß fassten, nämlich seit rund 1200 v. Chr., wurden Wildmeerschweinchen in Mittelchile von Indios gezüchtet und als Nahrungsmittel, Opfertiere und Grabbeigaben verwendet. Auch heute stehen in den Andenstaaten die Cuyes, wie sie dort genannt werden, auf dem Speiseplan. Sie werden in großer Zahl vermehrt und hauptsächlich in den Gebirgsdörfern auf den Märkten zum Kauf angeboten. Überwiegend in Pferchen oder Gruben, aber auch in der Küche oder nahe den Häusern werden noch diese reinen Fleischmeerschweinchen gezüchtet, die ca. 2500 g wiegen und mit 30 cm deutlich größer werden als unsere domestizierten Schweinchen. Sie sind, wie unsere Hausmeerschweinchen, durch zufällige und ungerichtete Veränderungen der Erbsubstanz (Mutationen) aus den wildlebenden Vorfahren entstanden. Es wurden und werden noch heute diejenigen Tiere ausgesucht und für die Weiterzucht verwendet, die für das jeweilige Zuchtziel die erwünschten Veränderungen im Gewicht, in der Körperform, Fellfarbe oder -struktur aufweisen. Vor etwa 400 Jahren brachten Seefahrer erstmals Meerschweinchen mit nach Europa. Warum, das lässt sich nicht mit Bestimmtheit sagen. Als Heimtier waren sie sicher kaum gedacht, dazu war der Preis für diese lebendige Kostbarkeit sicher zu hoch. Ob sie als Bereicherung der europäischen Küche – wie Kartoffeln, Tomaten oder Gewürze – gedacht waren oder als zoologische Attraktion oder zur Erbauung der Kinder reicher Leute dienen sollten, ist nicht mehr nachzuvollziehen. Sicher ist nur, dass sie für damalige Verhältnisse sehr teuer waren und nicht für Forschungszwecke eingeführt wurden.

1540 kamen die Meerschweinchen nach Spanien, und bereits 1554 wurden sie von dem Schweizer Naturforscher Conrad Gessner als „Indisches Kaninchen" beschrieben. Denn man nahm damals ja an,

⊙ *Meerschweinchen sind gesellige Tiere, die man nicht allein halten sollte.*

⊙ *Unterstände aus Korkeichenröhre machen das Meerschweinchenheim gemütlich.*

⊙ *Meerschweinchen genießen den Kontakt zu ihren Menschen und werden schnell zutraulich.*

dass der Kontinent, den Kolumbus 1492 erreicht hatte, Indien sei.

Aus Spanien traten die Meerschweinchen dann ihren Siegeszug durch Europa an, weil sie sich reichlich vermehrten und problemlos zu pflegen waren. In Frankreich heißen die Meerschweinchen noch heute „Cochon d'Inde" oder „Cobaye". In der Mitte des 17. Jahrhunderts fanden die anfangs kostbaren Tiere schnell ihre Verbreitung, in Holland als „Bigetje", „Marmotte" (fälschlich Murmeltier) oder „Cavy". In England hießen sie „Guinee pig", weil sie angeblich eine Guinee (21 Shilling) kosteten, und in Spanien wurden sie „Conejillo de Indias" oder „Cobayo" genannt. Heute werden sie in den USA und in Europa meist nur noch Cavy und bei uns Meerschweinchen genannt – das quiekende Schweinchen, das übers Meer kam.

Die Verwandten der Meeries
Ein bisschen Systematik

Zoologisch zählen Meerschweinchen zur Ordnung der Rodentia (Nagetiere), Unterordnung Caviomorpha (Meerschweinchenverwandte), Unterfamilie Caviinae Murray

⊙ Die „Schweinchen aus Übersee" erobern als Heimtiere alle Herzen im Sturm.

1866 (Eigentliche Meerschweinchen). Diese Unterfamilie umfasst vier Gattungen: *Cavia*, *Galea*, *Microcavia* und *Kerodon* mit 20 Arten. Alle sind heute noch in Südamerika verbreitet.

Nur ein Vertreter davon wurde, noch lange bevor Kolumbus Amerika entdeckte, von den Indios zum Haustier gemacht: das Wildmeerschweinchen *Cavia aperea tschudii* Fitzinger 1855, von dem unser Hausmeerschweinchen *Cavia aperea f. porcellus* Linné 1758 abstammt – treffend mit Höhlenmeerschweinchen übersetzt.

Lebensweise und Merkmale

Eine raue Heimat Der Lebensraum der Wildmeerschweinchen liegt im Norden, Südosten und Westen von Südamerika. Man findet sie von 1500 bis über 4000 Meter Höhe in relativ regenarmen Hochsavannen (Grasland) und lockeren Buschwäldern, die mit unterschiedlich großen Steinen durchsetzt sind. Die Temperaturen betragen tagsüber ca. 15 bis 25 °C, je nach Höhenlage. Die recht kühlen Nächte verbringen die Wildmeerschweinchen-Sippen, die 20 bis 30 Tiere umfassen (es sind

Faszination Meerschweinchen

⊙ Tiere mit Geschichte
Schon vor über 3000 Jahren wurden Meerschweinchen in Südamerika gezüchtet – allerdings noch nicht als Heimtiere, sondern für den Kochtopf.

⊙ Ideale Heimtiere
Meerschweinchen haben die Herzen der Menschen im Sturm erobert. Fast jeder mag sie, denn sie sind gesellig, verschmust, äußerst friedfertig gestimmt und genießen den Kontakt zu ihren Menschen.

⊙ Frühreife Nestflüchter
Meerschweinchen machen den Zahnwechsel schon im Mutterleib durch. Sie kommen mit gut entwickelten Sinnen auf die Welt und knabbern schon nach wenigen Stunden von dem, was die Mutter frisst.

⊙ Rekordverdächtige Sinnesleistungen
Im Vergleich mit Meerschweinchen sind wir Menschen arm dran: Sie können viel besser hören und riechen als wir und haben nicht nur die von Hund und Katze bekannten Schnurrhaare, sondern am ganzen Körper sensible Tasthaare.

⊙ Bedürfnisse wie wir
Meerschweinchen können – wie Menschen und Menschenaffen – in ihrem Körper das wichtige Vitamin C nicht selbst bilden. Sie sind deshalb darauf angewiesen, es täglich mit der Nahrung zu sich zu nehmen.

auch größere Kolonien möglich), eng aneinandergekuschelt in ihren Unterständen. Obwohl sie über scharfe Krallen verfügen, können die Sohlengänger ihre Höhlen nicht selbst im schwierigen, oft steinigen Gelände graben. Als Versteck und Schlafplatz benutzen sie natürlich entstandene Gänge, Winkel und Höhlungen. In der Dämmerung am Morgen und Abend gehen sie bevorzugt auf Nahrungssuche. Scharfe Sinne helfen den Fluchttieren zu überleben ( S. 106).

Unsere Hausmeerschweinchen hingegen sind im Laufe ihrer Domestikation (Haustierwerdung) zur für sie gefahrlosen Tagaktivität übergegangen.

Zähne Die pflanzenfressenden Säugetiere besitzen zum Abbeißen und Nagen ein Paar weiße, wurzellose, sehr scharfe Nagezähne im Ober- und Unterkiefer, die zeitlebens nachwachsen. Nach einer deutlichen Lücke (Diastema) folgen auf jeder Seite

ein Vorbackenzahn (Prämolar) und drei Backenzähne (Molaren) zum Zerkleinern bzw. Zermahlen der Nahrung. Insgesamt haben sie also 20 Zähne.

Sohlenwülste und Zehen Als typisches Artkennzeichen findet man sowohl bei den Wild- als auch beim Hausmeerschweinchen an den Vorder- und Hinterfüßchen unbehaarte, meist rosafarbige Erhebungen, die Sohlenwülste genannt werden. Sohlen, Zehen und Ohren sind nahezu haarlos. An den Vorderpfoten sind vier, an den Hinterpfoten drei Zehen vorhanden.

Fortbewegung Trotz ihrer kurzen Beinchen sind die Tiere relativ schnell und wendig. Sie bevorzugen eingelaufene Pfade (Miniwildwechsel), die auch gute Deckung bieten, um bei Gefahr sofort in den nächstgelegenen Bau flüchten zu können. Auffällig sind auch die kurzfristigen Wechsel zwischen Schlaf- und Wachperioden.

Haut und Fell Die Haut ist derb und relativ dicht mit kräftigen Grannen und weichem Wollhaar bedeckt. Das Fell der Wildmeerschweinchen ist derber und agoutifarben ( S. 11).

Im Gegensatz zu den Wildmeerschweinchen klettern und springen unsere domestizierten Schweinchen nicht mehr so gut. Sie sind auch rundköpfiger, schwerer und kompakter geworden. Wildmeerschweinchen wiegen nur 550 bis 650 g, Hausmeerschweinchen hingegen ca. 1 bis 1,5 kg. Wildmeerschweinchen haben auch einen deutlich schmaleren Körperbau mit spitzer Schnauze und kleineren Ohren. Ihr Lauf ist hochbeiniger. Sie sind äußerst scheu.

Meerschweinchen sind Feinschmecker und lieben frisches Grün.

Die wilden Verwandten der Meerschweinchen

In etlichen Zoos und Wildparks werden neben den Hausmeerschweinchen auch Wild- und Wieselmeerschweinchen gehalten. Sie stammen ebenfalls aus Südamerika. An ihnen kannst du viel Interessantes beobachten. Alle leben in Gruppen in größeren Gehegen. Wildmeerschweinchen sind agoutifarben: das heißt, die Haare sind gelb-(gold-)grau und schwarz gebändert und am Bauch etwas heller. Ihr Fell wirkt leicht rau oder stachelig. Das Wieselmeerschweinchen ist etwas kleiner und hat ein spitzeres Schnäuzchen, sein Fell ist ganz kurz, glatt anliegend und weich. Besonders auffallend sind die hellen „Augenringe". Ihre Schneidezähne sind ganz gelb, und sie besitzen vier Zitzen im Gegensatz zu den zweien unserer Lieblinge. Gut kann man ihr interessantes Verhalten während der Dämmerung beobachten. Sie sind flink, können relativ gut springen und sind sehr wendig, aber auch aufgeweckt und neugierig. Wenn du gut zuhörst, kannst du sie miteinander regelrecht „zwitschern" hören. Wieselmeerschweinchen sind recht schreckhaft. Sie benagen mit Begeisterung alles, was ihre Zähne schaffen. Trommeln mit den Hinterläufen gehört zu ihrem Verhalten. Nur fremde Artgenossen können sie nicht leiden.
Nimm doch in den Zoo etwas zum Schreiben mit und notiere deine Beobachtungen. Hinterher vergleichst du sie mit den Angaben in Büchern. Eine spannende Sache!

Aus dem Wildmeerschweinchen entwickelten sich unsere Hausmeerschweinchen.

Nahe Verwandte sind das Südliche Zwergmeerschweinchen...

...und der Felsenmoko.

11

Rasse- meerschweinchen

↓ *Rassemeerschweinchen werden in unterschiedlichen Haararten und Farben gezüchtet.*

Wurden bis vor etlichen Jahren nur Nutz- und Haustiere auf Ausstellungen präsentiert, gibt es mittlerweile auch spezielle Meerschweinchen-Ausstellungen, auf denen inzwischen bis zu 1000 Tiere gezeigt werden. In den USA und bei unseren europäischen Nachbarn (vor allem in England und Holland) wurden schon lange solche Shows organisiert, auf denen sich Meerschweinchenfreunde informieren und auch teilweise Tiere kaufen können. Züchtern bieten solche Veranstaltungen eine Möglichkeit zum Erfahrungsaustausch. Diese Ausstellungen können durchaus zwiespältige Gefühle wecken, da die Tiere in relativ kleinen Gehegen sitzen. Aber wenn man sieht, wie cool die Ausstellungsschönheiten bleiben und in welch exzellentem Pflegezustand die Tiere sind, wird man seine wahre Freude haben. Außerdem fällt sofort auf, dass die Tiere in Topform sind und eine hervorragende Prägungsphase beim Züchter und Besitzer hinter sich haben.

Dies gilt nicht nur für die so genannten Rassemeerschweinchen, sondern auch für ganz gewöhnliche Liebhabertiere, die dort ebenfalls zu sehen sind und auch nach dem Standard des Verbands bewertet werden. Als Liebhabertiere gelten alle, die keiner bestimmten Rasse angehören (● S. 14). Auch unter diesen Meerschweinchen gibt es ganz tolle Tiere. Und eines haben sie gemeinsam – ganz gleich, ob Rasse oder Klasse: Sie sind allesamt hinreißend liebenswürdige Wesen.

Bewertungskriterien Hausmeerschweinchen werden nach den folgenden Kriterien bewertet:
⮕ Pflegezustand (Augen, Ohren, Krallen, Fell, Zähne, Gewicht),
⮕ Verhalten (zutraulich und neugierig sollen die Tiere sein, nicht nervös, nicht ängstlich, träge oder apathisch),
⮕ Verhältnis von Größe und Gewicht zum Alter,
⮕ Gesamterscheinung sowie Farbverteilung und Fellstruktur.

Rassemeerschweinchen oder Liebhaberschweinchen

Ob Sie sich für ein so genanntes Liebhabertier oder ein Rassemeerschweinchen entscheiden, bleibt letztlich Ihrem Geschmack

⊙ *Langhaarige Meerschweinchen brauchen etwas mehr Fellpflege als die kurzhaarigen.*

und Geldbeutel überlassen (Rassetiere kosten mehr). Die Liebhabertiere entsprechen nicht ganz dem Standard, zeichnen sich aber häufig durch eine höhere Lebenserwartung und sprichwörtliche Robustheit aus. Rassemeerschweinchen können etwas kurzlebiger sein. Seriöse Züchter achten bei diesen Tieren auf besonderes Aussehen, ebenmäßigen Körperbau, Kopfform, Ohrengröße und Haltung, Augenfarbe sowie besondere Fellfarben und -strukturen. Gute Zoofachgeschäfte besorgen Ihnen auch Ihr Wunschtier, wenn es durch einen züchterischen Engpass gerade nicht vorhanden sein sollte.

Hüten sollten Sie sich vor Spontankäufen auf „Märkten" aller Art oder vor dubiosen Massenvermehrern, bei denen die Tiere scheu und voller Panik auf jede Bewegung reagieren. Kaufen Sie ebenso nicht bei Leuten, die Billig- und Sonderangebote verramschen.

Ganz anders verhalten sich die meisten Züchter von Rassemeerschweinchen, die aus ihren Beständen hin und wieder erstklassige Tiere abgeben.

⊙ *Auch Mischlinge sind liebenswerte Tiere.*

TIPP

Meerschweinchen züchten

Meerschweinchen ist nicht gleich Meerschweinchen. Gab es früher in erster Linie Glatthaar- und Rosettentiere, so werden heute sogenannte Rassen in einer Vielzahl von Farbstellungen gezüchtet. Wenn Sie also die Meerschweinchenzucht zu einem Hobby machen möchte, haben Sie viele Möglichkeiten. Am besten schließen Sie sich einem Meerschweinchen-Verein an (☺ S. 125). Dann können Sie Ihre Tiere auch auf Ausstellungen zeigen und bewerten lassen.

Die schönsten Rassemeerschweinchen

Angora

Sie haben langes, glattes Fell mit vielen Wirbeln und sind durch die Verpaarung von Shelties und Rosetten-Meerschweinchen entstanden.

Rex

Rex-Meerschweinchen haben ein dichtes, 2 cm langes Fell, das senkrecht von der Haut absteht. Die Haare sind in sich gekräuselt und dadurch federelastisch. Rex gibt es in vielen Farben und Zeichnungen.

Peruaner

Peruaner sind Langhaar-Meerscheinchen mit zwei Hüftrosetten und einem Pony, der ins Gesicht fällt. Die Haare fühlen sich seidig, weich und voll an.

US-Teddy
Das Teddy-Meerschweinchen hat ein leicht gekräuseltes Fell, wie das Rex. Sie sehen sehr ähnlich aus, sind genetisch jedoch verschieden.

CH-Teddy
Das CH-Teddy ist eine eigenständige Mutation und vererbt sein gekräuseltes Fell rezessiv. Es ist also reinerbig.

Texel
Texel-Meerschweinchen haben lange, ge-krauste Haare, die Locken bilden, aber keine Wirbel. Es gibt sie in vielen verschiedenen Farben.

Die schönsten Rassemeerschweinchen

Sheltie und Coronet
Coronet-Meerschweinchen (rechts)
haben eine Stirnrosette, im Gegensatz
dazu sind Shelties ohne.

Coronet Goldagouti
Goldagoutis zeigen eine warme, kastanienrote
Fellfarbe mit schwarzem Ticking (Querbände-
rung im Haar).

Coronet
Abgesehen von der Stirnrosette haben
Coronet-Meerschweinchen langes, glattes
Haar ohne Rosetten.

Satin Coronet
Satinfell hat einen intensiven, brillanten
Glanz; die Haare sind dünn, fein und
seidig, weil der Haarschaft hohl ist.

Rosette
Die Rosetten sollen so groß und rund wie möglich sein, und es sollten mindestens acht Stück
über den Körper verteilt sein.

Crested

Crested sind kurzhaarige Meerschweinchen mit einer Stirnrosette. Bei English Crested entspricht sie der Körperfarbe, bei American Crested ist sie immer weiß.

Glatthaar

Diese Meerschweinchen haben kurzes Haar ohne Pony oder Wirbel. Es liegt dicht am Körper an und kann ganz unterschiedliche Farben und Zeichnungen aufweisen.

Sheltie

Dies sind Langhaar-Tiere ohne Rosetten oder Pony. Die Haare am Kopf sind kurz und beginnen ab den Backen länger zu werden.

Kleines Meerschweinchen-Lexikon

Agouti
So nennt man die Haarfarbe der Meerschweinchen, die auch die Wildmeerschweinchen haben. Dabei sind einfarbige
und unterschiedlich gebänderte Haare im
Fell gemischt.

Albino
Darunter versteht man das Fehlen der Pig-
mentierung in Haut und Fell. Die Iris ist
rot, weil die Blutgefäße durchscheinen.
Fehlen die Farbstoffe nur teilweise, ent-
steht eine Weißscheckung.

Blinddarmkot
Meerschweinchen haben einen Blinddarm,
in dem sie ihre Nahrung mit Hilfe von Bakterien vorverdauen. Den dabei entstehen-
den weichen Blinddarmkot fressen sie auf,
um die bereits aufgeschlossene Nahrung
sowie enthaltene Vitamine und Bakterien
zu nutzen.

Cavia
Cavia aperea tschudii lautet der wissenschaftliche Name des Wildmeerschwein-
chens, von dem unser Hausmeerschweinchen abstammt.

Coronet
Langhaariges Rassemeerschweinchen mit
einer Stirnrosette.

Domestikation
So nennt man die Entwicklung vom Wildtier zum Haustier (Haustierwerdung).
Im Laufe der Domestikation verändern
sich die Eigenschaften und Bedürfnisse
einer Tierart. Viele Hausmeerschweinchen
haben z.B. ein langes Fell, das in der freien
Natur hinderlich wäre.

Gebiss
Die vorderen Schneidezähne (Nagezähne)
der Meerschweinchen wachsen ständig
nach, denn sie nutzen sich beim Zernagen
von harter Nahrung und beim Beknabbern
von Zweigen ab.

Grooming
So nennt man die gegenseitige Fellpflege,
die Meerschweinchen (und viele andere
Tiere) betreiben.

Holländer
Rassemeerschweinchen mit farbigem Kopf
und Hinterteil und weißer Körpermitte.

Krone
Die Krone ist ein oben auf dem Kopf sitzen-
der Haarwirbel bei Rassemeerschweinchen
und wird auch Rosette genannt. Bei der
Rasse Englisch Crested hat die Krone die
gleiche Farbe wie das übrige Fell, bei Ame-
rikanisch Crested ist sie immer weiß.

Die gegenseitige Fellpflege nennt man Grooming.

Rex-Meerweinchen haben ein besonders dichtes Fell.

Markieren

Meerschweinchen markieren ihre Umgebung mit Hilfe spezieller Duftstoffe aus Duftdrüsen und über den Urin. So erkennen sie sich untereinander und grenzen ihr Revier ab.

Nestflüchter

Junge Meerschweinchen kommen mit offenen Augen und gut entwickeltem Geruchssinn und Gehör zur Welt. Bereits nach wenigen Stunden können sie neben der Muttermilch auch schon feste Nahrung aufnehmen.

Peruaner

Langhaariges Rassemeerschweinchen mit zwei Rosetten an den Hüften und einem Pony, der ins Gesicht fällt.

Raufutter

Das ist ballaststoff- und zellulosehaltiges Futter, an dem die Tiere ihre ständig nachwachsenden Nagezähne abreiben können. Das beste Raufutter ist Heu.

Rex

Auch Teddy genannt. Rassemeerschweinchen mit ca. 2 cm langen, gekräuselten Haaren.

Rodentia

Dies ist die wissenschaftliche Bezeichnung für die zoologische Ordnung der Nagetiere, zu der auch das Meerschweinchen gehört.

Rosette

Rassemeerschweinchen mit Wirbeln im Haar, die möglichst groß, rund und gleichmäßig über den Körper verteilt sein sollen. Ideal sind 8 Rosetten.

Sheltie

Langhaariges Rassemeerschweinchen, das im Gegensatz zu den Peruanern keine Hüftrosetten und keinen Pony hat. Das Gesicht bleibt also frei.

Standard

Im Standard sind die Merkmale eines Rassemeerschweinchens genau festgelegt und detailliert beschrieben. Die Züchter versuchen, diesen Beschreibungen möglichst nahe zu kommen und lassen ihre Tiere auf Ausstellungen bewerten.

Wildmeerschweinchen

Unsere Hausmeerschweinchen stammen von Wildmeerschweinchen ab, die in Südamerika zu Hause sind und in Kleingruppen leben.

Einfach wohlfühlen
Gut versorgt

Im Dutzend glücklicher

Meerschweinchen lieben Gesellschaft und brauchen ihre Artgenossen wie die Luft zum Atmen. Und es macht viel Spaß, die munteren Nager zu beobachten.

Passen Meerschweinchen zu mir?

Die Meerschweinchen können bei guter Pflege zwischen sechs und acht Jahre alt werden. Prüfen Sie Ihre Lebensumstände genau, bevor Sie die Tiere anschaffen.

Ein Kindertraum wird wahr

Meerschweinchen gelten als friedfertig, verschmust und lieb. Vor allem Kinder lieben die kleinen Schweinchen und wünschen sich sehnlichst solche Tiere. Aber kindliche Begeisterung kann sich ändern: Das Versprechen, alles für das heiß ersehnte Tier zu tun, ist zwar ernst gemeint, sollte aber auch realistisch eingeschätzt werden. Das Interesse kann nachlassen, wenn sich das Kind im Laufe der Zeit auch anderen Dingen zuwendet. Dann müssen die Tiere von den anderen Familienmitgliedern, meistens der Mutter, weiter versorgt werden.

Junge Meerschweinchen sind zart und zerbrechlich. Besonders unbeaufsichtigte Kleinkinder unter sechs Jahren können, ohne es zu wollen, schon durch einen falschen Griff ein strampelndes Schweinchen so fest packen, dass die empfindlichen Rippen eingedrückt werden. Oder das Kind lässt das Tier aus Versehen fallen.

Für Kinder im Schulalter sind Meerschweinchen jedoch tolle Gefährten, die ihnen jederzeit zuhören und an denen sie täglich interessante Verhaltensweisen beobachten können. Dabei lernen die Kinder Tierliebe und Verantwortung zu übernehmen. Es versteht sich von selbst, dass die Eltern bei der Versorgung der Tiere helfend zur Seite stehen. Je jünger das Kind ist, umso mehr Anleitung braucht es.

Allergietest für alle

Beobachten Sie bereits vor dem Kauf, ob sich beim Streicheln der Tiere etwa im Zoofachgeschäft allergische Reaktionen bei Ihnen oder Ihrem Kind einstellen. Man kann sich auch einige Meerschweinchenhaare geben lassen und mit Pflaster auf die Haut des Unterarms kleben. Wenn es nach ein bis zwei Tagen zu keiner Reaktion gekommen ist, dürfte alles in Ordnung sein. Stellen sich Reaktionen wie Hautrötungen, Juckreiz, Quaddeln auf der Haut, tränende, gereizte Augen oder gar Atembeschwerden ein, entfernen Sie sofort die Haare und

➡ *Die Rampe erleichtert den Meerschweinchen den bequemen Ein- und Ausstieg ins Heim.*

gehen Sie nötigenfalls zum Arzt. Diesen Test sollte man daher auch nicht am Wochenende oder abends beginnen. Letzte Gewissheit liefert ein Allergietest beim Arzt.

Rechtliches

Die Haltung von Meerschweinchen stört kaum jemanden. Sie gehört zur allgemeinen Lebensführung und zum bestimmungsgemäßen Gebrauch einer Mietsache. Wenn zudem keine Belästigungen, z. B. durch Geruch (unsachgemäße Entsorgung der Einstreu), oder eine Beschädigung zu erwarten sind, darf man davon ausgehen, dass Meerschweinchen in einer Mietwohnung gehalten werden dürfen. Eine ausdrückliche Genehmigung vom Vermieter

ist nicht erforderlich. Die Haltung übermäßig vieler Tiere oder eine gewerbsmäßige Zucht ist dagegen jedoch nicht gestattet.

In Eigentumswohnungen kann nur durch einstimmigen Beschluss der Eigentümerversammlung die Haltung von Tieren untersagt werden.

Platzbedarf

Meerschweinchen zeigen sich meistens als eher gemächliche Tiere. Stellt man ihnen jedoch viel Platz zur Verfügung, dann entfalten sie erst ihr wahres Temperament beim Laufen und Hopsen. Deshalb sollten Sie für Ihre Schweinchen ein geräumiges Heim und eine möglichst große Auslauffläche einplanen.

Mit Leckerbissen werden sie schnell zutraulich und genießen die Zuwendung.

Standort, Zeit und Kosten

● Der Platz für das Heim soll hell sein, am besten in Augenhöhe, ruhig und luftig, aber zugfrei, nicht auf oder unmittelbar neben einer Heizung oder bodenkalt und nicht der prallen Sonne ausgesetzt. Zimmertemperaturen von 18 bis 23 °C und eine relative Luftfeuchtigkeit von ca. 50 % sind ideal.

● Meerschweinchen möchten mit ihren Menschen zusammenleben und auf keinen Fall abseits oder im Keller oder gar in einer nasskalten Garage.

● Rauch, üble Gerüche und laute Töne sind ihnen zuwider.

● Meerschweinchen brauchen Zuwendung. Zwei Stunden täglich sollten Sie ihnen mindestens widmen können.

● Natürlich verursachen sie auch Kosten: nicht nur bei der Anschaffung, auch Pflege-, Futter- und Tierarztkosten sowie Auslagen im Urlaub. Weil sich diese ändern können, sollten Sie die Kosten bei Ihrem Zoofachhändler erfragen.

Lassen Ihre Lebensweise und Ihr Freizeitverhalten (Wochenende, Urlaub, Camping usw.) die zusätzlichen Hausgenossen zu, dann steht dem Kauf nichts mehr im Wege. Meerschweinchen sollten übrigens, wie alle lebenden Tiere, nicht an Menschen verschenkt werden, die von ihrem „Glück" noch keine Ahnung haben. Verschenken Sie dann stattdessen zunächst ein Buch über Meerschweinchen oder basteln Sie einen Gutschein.

9 x Ja zu Meerschweinchen

☐ Wenn Sie die Meerschweinchen für Ihr Kind anschaffen, tragen trotzdem Sie die Verantwortung für die Tiere. Sind Sie dazu bereit?

☐ Sind alle Familienmitglieder mit dem Meerschweinchenkauf einverstanden?

☐ Sind Sie bereit, für mindestens sechs bis acht Jahre die Verantwortung für ein Lebewesen zu übernehmen?

☐ Ist niemand in der Familie gegen Tierhaare allergisch?

☐ Ekelt sich niemand vor den Ausscheidungen der Tiere und eventuell einmal auftretenden Parasiten?

☐ Verfügen Sie über den Platz für ein geräumiges Nagerheim und Auslauf drinnen und draußen?

☐ Sind Sie bereit, nicht nur die Ausgaben für Futter und Pflege zu tragen, sondern auch für Tierarztbesuche und Urlaubsversorgung?

☐ Ist auch während Urlaub oder Krankheit die Versorgung der Tiere gewährleistet?

☐ Können Sie den Meerschweinchen täglich mehrere Stunden für Pflege, Auslauf und Zuwendung widmen?

Wenn Sie 9-mal mit Ja antworten können, steht einer Haltung nichts im Wege. Falls nicht, sollten Sie die Anschaffung noch einmal gründlich überlegen und auch die Annahme von überraschend geschenkten Tieren ablehnen.

Meerschweinchen und andere Heimtiere

Hund und Katzen Besonders mit Hunden und Katzen kann es Probleme geben, wenn sie mit Meerschweinchen unter einem Dach leben. Sie können sich zwar durchaus mit den Nagern anfreunden bzw. sie tolerieren – gerade wenn sie bereits als Jungtiere zusammen in die menschliche Obhut aufgenommen wurden. Es ist jedoch nötig, die Tiere vorsichtig und unter Aufsicht aneinander zu gewöhnen (👁 S. 116). Da Meerschweinchen besonders beim Freilauf gern Laufspiele veranstalten, dabei übermütig springen, hüpfen und quieken, kann dieses Verhalten bei Hunden und Katzen den Jagdtrieb wecken. Deshalb darf man sie nie unbeaufsichtigt lassen.

Vögel und Nager Schrille Stubenvögel, die auch noch Meerschweinchens Fell zausen, sind auch nicht gern als Gesellschafter gesehen. Andere Nager passen auch nicht zu Meerschweinchen, sie sind einfach zu verschieden.

Zwergkaninchen Früher wurden Meerschweinchen öfters mit Zwergkaninchen zusammen gehalten – obwohl sich beide im Verhalten, bei der Pflege und Ernährung, aber vor allem, was Größe, Gewicht und Körpersprache angeht, doch sehr stark unterscheiden. Das ist nicht artgerecht, ein Kaninchen kein richtiger Partner, kein Artgenosse für ein Meerschweinchen! Zudem kann ein Kaninchen in Panik das Schweinchen treten und empfindlich treffen. Denkbar ist allenfalls die Haltung einer größeren Gruppe in einem geräumigen Freigehege, in der mehrere Meerschweinchen und Kaninchen zusammenleben. So hat jedes Tier einen Artgenossen.

Einzel- oder Gruppenhaltung?

Das absolute Wohlgefühl stellt sich bei den geselligen Schweinchen erst ein, wenn man sie zu mehreren hält. Eine Ausnahme sind manchmal ältere Tiere (z. B. aus dem Tierheim), wenn sie total auf den Menschen geprägt sind. Solchen Einzeltieren muss man sehr viel Zeit widmen, ohne dabei sicher zu sein, dass sich die Tiere wirklich wohlfühlen. Daher gilt, dass Meerschweinchen mindestens zu zweit gehalten werden sollen. Beachtet man einige wichtige Voraussetzungen, vor allem die Platzfrage, so lassen sich die Tiere gut vergesellschaften. Je größer die Gruppe, in der sie aufgewachsen sind, desto harmonischer leben die Tiere auch weiterhin zusammen. Jungtiere vertragen sich ohnehin am besten und lassen sich auch am leichtesten in eine Gruppe integrieren.

Sorgen Sie unbedingt für ausreichend Platz, bieten Sie verschiedene Versteckmöglichkeiten und möglichst viele Schlafkojen an. In einer Gruppe bildet sich immer eine Hierarchie aus, in der ein Bock die dominante Alphaposition einnimmt. Unter den Weibchen dominiert wiederum das ranghöchste. Kleinere Streitereien sind ein wichtiges Instrument, um die Rangordnung klarzustellen.

In einer gemischten Gruppe ist natürlich mit Nachwuchs zu rechnen. Wenn dieser unerwünscht ist, kann man Mütter mit weiblichen Jungtieren und einem relativ jungen Böckchen, das kastriert ist und noch nie gedeckt hat, vergesellschaften.

Meerschweinchen brauchen Meerschweinchen! Andere Tiere wären nur ein schlechter Ersatzpartner.

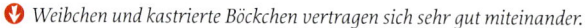
⊘ *Weibchen und kastrierte Böckchen vertragen sich sehr gut miteinander.*

Die Weibchengesellschaft Mehrere Weibchen vertragen sich meistens gut, auch wenn die Rangordnung mit gesträubtem Nackenfell ausgefochten wird. Harmlos ist das Aufreiten von Weibchen, eine Dominanzgeste.

Zu dominanten, instinktstarken Weibchen kann man ein kastriertes Böckchen setzen. Man muss ihm dann besonders viel Zuneigung schenken und ihn oft streicheln bzw. ttouchen (👁 S. 78).

Jungtiere kann man bei richtigem Zusammengewöhnen (👁 S. 117) meistens bedenkenlos hinzusetzen. Auch mit älteren Tieren kann es gut gehen, wenn nicht gerade ein tragendes Weibchen oder ein Tier, das schlechte Erfahrungen mit Artgenossen gemacht hat, dabei ist.

Die Männergesellschaft Entgegen einer oft geäußerten Meinung kann man auch Böckchen miteinander pflegen, obwohl sie erfahrungsgemäß zwischen der 6. und 8. Woche und dem 6. und 8. Monat oft schwieriger sein können.

Gut lassen sie sich vergesellschaften, wenn sie sich schon im Jungtierrudel vertragen haben, noch nicht älter als 10 Wochen sind und nach dem Erreichen der Geschlechtsreife keine „duften" Weibchen in Sichtweite oder in der Nase hatten. Sonst bekriegen sie sich wie ältere Männchen. Das heißt, der Unterlegene verdrückt sich in eine Ecke und verendet nach einigen Tagen aus Gram. In Großgehegen leben manche dieser rangniederen Böckchen in einer untergeordneten Rangposition – wie Weibchen oder Kastraten.

Ein älteres Böckchen ohne Zuchterfahrung kann man mit einem kastrierten jungen Männchen zusammen pflegen – am besten, wenn es noch unter 8 Wochen alt ist. Es wird sich unterwerfen, das ältere Männchen betrachtet es als Weibchen und verliert nach erfolgloser Werbung (Stelzen und Gurren) das Interesse.

⊙ *Meerschweinchen sind reinliche Tiere, die sich selbst sauber halten.*

Welches Geschlecht und Alter?

Beide Geschlechter sind äußerst lieb und interessant und gleich gut zu pflegen. Gewissenhafte Züchter geben ihre Jungtiere frühestens mit 6 bis 7 Wochen und einem Mindestgewicht von ca. 350 g ab. So können Sie Ihren Favoriten ab der 8. Lebenswoche erwerben.

Auch Meerschweinchen aus dem Tierheim verdienen es, einen guten Platz zu finden. Dies trifft besonders auf ältere Tiere zu, die sich nicht mehr vergesellschaften lassen, aber auch Vorteile haben. Sie leben sich besser ein, weil sie schon fast alles kennen.

Der kleine Unterschied

In guten Zoofachgeschäften sind die Tiere nach Geschlechtern getrennt untergebracht. Dies hat den Vorteil, dass kein Weibchen bereits beim Kauf trächtig ist. Sind die Meerschweinchen noch keine 8 Wochen alt, können meistens nur Geübte das Geschlecht des Tieres sicher erkennen. Man legt das Tier vorsichtig (aber schnell) auf den Rücken und streicht mit leichtem Fingerdruck in Richtung Genitalien. Beim Männchen tritt dann der Penis hervor. Auch die Hoden sind sicht- und tastbar (⊙ Fotos unten).

Gemeinsam aufgewachsene Männchen, die sich von Geburt an kennen oder – wenn sie aus verschiedenen Würfen stammen – bei der Vergesellschaftung unter 6 Wochen alt waren, vertragen sich ohne Weibchen zumindest so lange, wie man sie nicht voneinander trennt. Gefahr besteht auch während des Urlaubs, wenn die Tiere zusammen mit Weibchen in einem Raum gepflegt wurden. Oder wenn sie zur Zucht kamen. Dann ist es meistens mit dem Frieden vorbei.

Wenn beide Männchen kastriert sind und die Kastration erst nach der Geschlechtsreife oder nach erfolgter Zucht vorgenommen wurde, kann es trotzdem zu ernsthaften Auseinandersetzungen kommen. Ansonsten sorgt eine Kastration bei zuchtunerfahrenen Männchen zu einem friedlichen Miteinander.

Kastrierte Meerschweinchen-Böckchen gibt es immer mehr im Zoofachhandel zu kaufen. Fragen Sie danach.

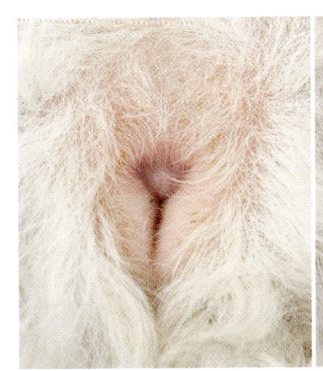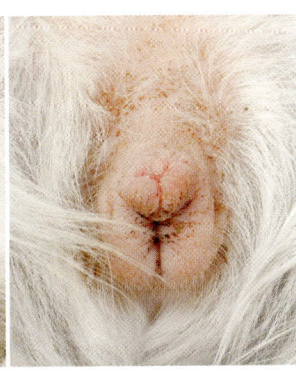

 *Weibchen*　　 *Böckchen*

Willkommen im neuen Zuhause

Sie haben sich mit der ganzen Familie die Anschaffung der Meerschweinchen gut überlegt und alle sind dafür? Herzlichen Glückwunsch!

Der Kauf ist Vertrauenssache

Wird das Kind der stolze Besitzer der neuen Meerschweinchen, sollten Sie es auch auswählen lassen. Das schafft von Anfang an eine hervorragende Identifikation mit den neuen Hausgenossen. Orientieren Sie sich beim Auswählen im Zoogeschäft an der Checkliste. Sind alle Kriterien erfüllt, beobachten Sie Ihre Favoriten, ob sie lebhaft sind und fressen. Wie verhalten sie sich auf Ihrem oder auf dem Arm des Verkäufers? Reagieren sie voller Panik, dann dauert die Eingewöhnung meist recht lange.

Auf dem Heimweg

Ist die Wahl getroffen, setzt der Verkäufer die Tierchen in eine spezielle Transportbox mit etwas Einstreu aus der Verkaufsanlage. So bleibt wenigstens der vertraute Geruch erhalten. Der Höhlenbewohner fühlt sich sicherer, wenn der Transporter abgedunkelt ist.

Wichtig ist, dass unterwegs die Sonne nicht auf die Box scheint. Im Winter schützt man den Behälter vor nasskalter Zugluft und mit einer Wärmeisolierung. Nicht auf den kalten Autositz stellen!

Gesunde Meerschweinchen erkunden ihre Umgebung...

Unterwegs bleibt das Behältnis verschlossen, auch wenn die Neugierde noch so groß ist.

Ein Traumhaus für Meerschweinchen

Meerschweinchen sind sehr bewegungsaktive Tiere, die sich gern auslaufen möchten oder von einer erhöhten Etage „Ausguck" halten. Wichtig ist, dass sie sich auch zur vollen Größe aufrichten können, um zu imponieren oder etwas zu erschnüffeln. Daher wählt man aus der Modellfülle im Zoofachgeschäft das allergrößte Heim aus! Zwei Tiere brauchen mindestens eine Fläche 120 x 60 cm. Die Höhe sollte mindestens 50 cm betragen. Kleinere Heime sind eine wahre Qual. Für mehrere Tiere gibt es auch Heime, die noch größer sind. Das hat den Vorteil, dass man die Schlafhäuschen mittig aufstellen kann und die kleinen Renner immer an der Wand lang hintereinander herlaufen können. Die Gitteraufsätze großer Heime lassen sich auch gut für den kurzfristigen Freilauf im Garten verwenden.

⬆ *...und sie fressen mit Appetit.*

CHECK

Beim Kauf beachten

☐ Die Verkaufsbox ist geräumig und sauber, und die Meerschweinchen sind dort nach Geschlechtern getrennt untergebracht, um ungeplantem Nachwuchs vorzubeugen.

☐ Sie sind lebhaft und aufmerksam, wirken nicht lethargisch und geraten auch nicht bei jeder Bewegung vor der Verkaufsbox in Panik.

☐ Die Tiere fressen mit Appetit und trinken normal.

☐ Der Körper ist mollig, rund, kompakt, wohlgeformt und nicht zu mager.

☐ Die Beine sind ohne Verdickungen und werden nicht nachgezogen.

☐ Die Augen sind klar, groß, dunkel und glänzend. Sie tränen nicht und sind nicht entzündet. Die Augenränder sind nicht verkrustet, verklebt oder geschwollen.

☐ Nase, Ohren und Lippen sind sauber und ohne Verkrustungen.

☐ Das Gebiss weist keine Anomalien auf (👁 S. 51). Die Schneidezähne stehen genau aufeinander und sind gerade. Das Tier kaut problemlos.

☐ Das Meerschweinchen speichelt nicht.

☐ Die Nase ist trocken bis leicht feucht.

☐ Die Atmung ist weder hechelnd noch röchelnd.

☐ Das Fell ist dicht, glänzend und ohne Parasiten; die Haut hat keine Pusteln oder Schrunden. Das Tierchen kratzt sich nicht ständig.

☐ Der Bauch ist weder aufgebläht noch hart.

☐ Der After ist sauber und frei von Verklebungen (kein Durchfall).

☐ Die Sohlen sind weder verklebt noch von Urin verfärbt.

☐ Die Krallen sind kurz.

☐ Das Tier läuft locker und frei. Es lahmt nicht.

⬇ *Häuschen, Holzelemente und Steine strukturieren das Meerschweinchenheim.*

Der Ein- und Ausstieg sollte an der Seite des Heims liegen, nicht oben. Denn Meerschweinchen sind etwas scheu und schreckhaft, vor allem, wenn sie sich noch nicht eingelebt haben, und können in Panik geraten, wenn sich ihnen etwas Großes, Dunkles von oben nähert und nach ihnen greift. Zur Reinigung lässt sich die möglichst hohe Unterschale problemlos vom Aufsatz abnehmen.

Völlig ungeeignet sind ausgemusterte Aquarien aus Glas oder Kunststoffbehälter. Darin ist nicht genügend Luftaustausch möglich, und es sammeln sich schädliche Ammoniakausdünstungen. Außerdem ist der wichtige Sinneskontakt eingeschränkt oder sogar unmöglich (Isolationshaft). Geradezu grotesk muten Empfehlungen wie Pappkartons oder Waschwannen an.

Die Grundausstattung

Heuraufe Zur Erstausstattung für die Meerschweinchen gehört eine abdeckbare Heuraufe, die möglichst eng verdrahtet sein soll. Eine zweite Raufe ist für das Grünzeug vorgesehen. Die Raufen bringt man so hoch an, dass sie gut erreichbar sind, aber nicht als Ruhebett verwendet werden können. Sonst besteht Verletzungsgefahr, und der Raufeninhalt wird zusammengedrückt und dämpfig.

Futternapf & Co. Für das Futter empfiehlt sich ein Futterspender aus Metall oder ein möglichst schwerer, nagefester Keramiknapf, der standfest und nur so groß ist, dass Futter für 2 bis 3 Tage hineinpasst, aber kein Platz, um sich hineinzusetzen und ihn vielleicht auch noch als Toilette zu benutzen.

Nippelflasche Die sogenannte Nippelflasche sollte mindestens 250 ml fassen. Offene Wassernäpfe taugen nichts, weil sie zu schnell umgeworfen oder zugemüllt werden. Das Trinkwasser wird leicht verschmutzt und nasse Einstreu schadet.

CHECK
Grundausstattung

- Ein geräumiges Meerschweinchenheim, für zwei Tiere mindestens mit der Grundfläche 120 x 60 cm.
- Pro Tier ein Schlafhäuschen aus Holz, am besten mit flachem Dach, damit es zusätzlich als Ausguck benutzt werden kann, und mit zwei Schlupflöchern.
- Kalk- oder Sandstein für den Krallenabrieb.
- Hohle Wurzeln, Korkeichenröhren oder Tonröhren zum durchkriechen und draufklettern.
- Eine flache Rampe aus Holz, damit die Schweinchen nach dem Freilauf von sich aus wieder ins Heim zurücklaufen können.
- Zwei abdeckbare Heuraufen: eine für Heu, eine für Grünfutter.
- Stand- und nagefester Futternapf aus leicht zu reinigender Keramik oder Futterspender aus Metall für Fertigfutter.
- Nippelflasche für mindestens 250 ml Inhalt.
- Hochwertige Fertigfuttermischung mit hohem Pflanzenanteil.
- Gesundes Knabberfutter mit hohem Pflanzenanteil (◉ S. 38).
- Multivitaminpräparat mit einem hohen Anteil an Vitamin C.
- Einstreu, am besten pelletiertes Stroh.
- Hochwertiges Heu.
- Nagerholz.

Deshalb sollte die Nippelflasche nie über einem Futterbehälter angebracht sein, sondern am besten neben einer Raufe und der Nippel in Nasenhöhe der Tiere.

Schlafhäuschen Wie ein natürlicher Erdbau soll das Schlafhaus wirken und unserem Höhlenschläfer viel Sicherheit vermitteln. Am besten wählt man ein Häuschen ohne Boden, aus unbehandeltem, möglichst dunklem Holz, und mit einem Flachdach als Ruheplatz und Ausguck, das über eine genügend breite Rampe erreicht wird. Meerschweinchen ziehen dunkles Holz vor. Zwei Schlupflöcher sind von Vorteil, damit sich ein unterlegenes Tier vor dem dominanten jederzeit verdrücken kann.

Wurzeln, Steine, Röhren Im Zoofachhandel besorgt man außerdem einen flachen Kalk- oder Sandstein für den besseren Krallenabrieb sowie hohle Wurzeln und Korkeichenröhren. Wahlweise kann man Röhren aus Ton verwenden, die auf einer Seite abgeflacht sind (um Verletzungen zu vermeiden).
Außerdem braucht man noch eine möglichst flache Rampe, damit die Tiere nach dem Freilauf im Zimmer bequem wieder in ihr Heim zurückkehren können, das zu diesem Zweck auf den Boden gestellt wird. Für das Grünfutter oder Nagerholz gibt es geeignete Klammern. Damit kann man die Leckerbissen im Meerschweinchenheim am Gitter befestigen.

Die Einstreu

Wichtig ist ein hohes Maß an Saugfähigkeit und Geruchsbindung. Am besten verwendet man ein reines, kompostierbares Naturprodukt ohne chemische Zusätze. Als unterste Schicht eignet sich natürliche Kleinnagerstreu aus Ton (besonders in der Urinecke). Darauf kommt sogenannte Heimtierstreu oder, noch besser, Strohpellets aus Gerstenstroh aus biologischem Anbau, das neben der guten Saugkraft noch den Vorteil hat, dass es gefressen werden darf und nach einigen Tagen zu einem angenehmen Teppich zertreten wird. Empfehlenswert auch für Langhaartiere, weil kaum einmal etwas im Fell hängen bleibt. Nie darf eine Einstreu stauben oder gar

kleben, sonst gibt es Schleimhautreizungen, der Blinddarmkot verschmutzt, oder es können Kotreste am Fell kleben bleiben. Heu als Einstreu ist zwar beliebt, aber wenn es verschmutzt gefressen wird, kann es Verdauungsprobleme geben. Gewarnt sei vor Zeitungspapier (eventuell giftig), Sägemehl (zu fein) und feinen Spänen (stauben und kleben). Die Haltung auf Gitterrosten wäre eine grobe Tierquälerei!

Endlich zu Hause

Das Domizil steht fertig eingerichtet an seinem Platz – mit Wasser, Heu, gewohntem Futter und einem Stück Möhre. Behutsam wird nun der Transportbehälter hineingestellt und geöffnet. Obwohl die Ungeduld groß ist, lässt man das Tier selbst entscheiden, wann es herauskommen will. Wundern Sie sich nicht, wenn es sofort abtaucht und in seinem neuen Häuschen verschwindet. Jetzt ist Geduld angesagt, denn der neue Hausgenosse muss erst den Wohnungswechsel und die noch unbekannte Umwelt verkraften. Verhält man sich ruhig, dann kann man beobachten, wie das neue Terrain vorsichtig beschnüffelt oder auch schon mit Duftmarken versehen wird. Beim Inspizieren der neuen Umgebung wird das Meerschweinchen leise Töne von sich geben und bei der geringsten Beunruhigung in das sichere Versteck zurückeilen.

Hat man in die vorgesehene Toilettenecke etwas Streu aus der Verkaufsbox gegeben, besteht die gute Chance, dass diese Ecke von Anfang an angenommen wird. Übrigens hat auch ein Meerschweinchen ein Recht darauf, weder beim Schlafen, Essen, Putzen noch auf der Toilette gestört zu werden!

⬆ Flachdach-Bungalows können auch als Ausguck benutzt werden.

Wie werden Meerschweinchen zahm?

Jetzt hast du dein Meerschweinchen, und du wünschst dir nichts sehnlicher, als es zu streicheln und zu verwöhnen. Aber es versteckt sich und will von dir noch nichts wissen. Das ist normal, und du brauchst deshalb nicht traurig zu sein. Auch dein Meerschweinchen liebt die Gesellschaft und wird über kurz oder lang zahm werden, sodass du es streicheln und so richtig lieb haben kannst.

Lass' das Meerschweinchen von sich aus Kontakt aufnehmen...

...ehe du es vorsichtig streichelst.

Bald läßt es sich gerne von dir hochnehmen.

Dazu kannst du viel beitragen: Hab viel Geduld mit deinem Schweinchen. Setz dich in gleicher Höhe neben das Heim und verhalte dich ruhig. Dabei kannst du etwas Schönes lesen. Du kannst bestimmt nach einiger Zeit beobachten, dass sich das Meerschweinchen zeigen und schnüffeln wird. Wenn es sich an deine Anwesenheit gewöhnt hat, darfst du deine Hand mit einem Leckerbissen zwischen die Gitterstäbe oder in die geöffnete Tür halten. Du wirst sehen, es kann nicht lange widerstehen und wird versuchen, die Leckerei zu erhaschen. Überlasse sie deinem kleinen Freund. Zieh das Leckerli aber nie weg! Das merken sich die schlauen Kerlchen nämlich gut – und du hättest viel Vertrauen verloren. Wenn auch dies gut funktioniert, kannst du versuchen, das Futter etwas fester zu halten, das Meerschweinchen knabbern zu lassen und es dabei mit der anderen Hand ganz vorsichtig zu streicheln. Nun hast du schon fast gewonnen. Mach dies so lange, bis es das Streicheln genießt und zu deiner Hand kommt. Nun kannst du es auch wagen, dein Meerschweinchen hochzuheben und zuerst im Sitzen auf dem Schoß zu strei-cheln. Beachte dabei unbedingt die Hinweise zum richtigen Tragen auf Seite 35, damit sich dein Meerschweinchen nicht verletzt.

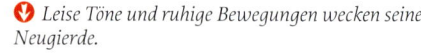

Schon bald wagt sich das Meerschweinchen aus dem Häuschen.

Leise Töne und ruhige Bewegungen wecken seine Neugierde.

Freundschaft schließen

Hat das Meerschweinchen erst einmal alles untersucht, gegessen und getrunken, sich ausgiebig geputzt und zeigt sich dann völlig entspannt, kann man behutsam und geduldig damit beginnen, sich mit ihm anzufreunden. Das Eis wird am schnellsten gebrochen, wenn man sich zuerst nur auf die Begegnung beim Füttern konzentriert. Dabei wird das Kleine erst einmal aus dem sicheren Häuschen Ihr Tun beobachten und dabei schnuppern. Es muss sich erst an den Geruch unserer Hand gewöhnen.

Tiere, die noch wenig Bekanntschaft mit Menschen gemacht haben und beim Züchter wenig Kontakt mit ihrem Pfleger hatten, werden länger scheu bleiben. Bei diesen Tieren muss man besonders geduldig sein, und man darf nie etwas mit Gewalt erzwingen wollen.

Hilfreich für beide ist es, wenn man vor jeglichem Kontakt die Hand ohne Seife wäscht und etwas Futter oder Einstreu zwischen den Fingern verreibt. Wenn wir für das Meerschweinchen „sympathisch" riechen, nimmt die Angst ab, und es wird Vertrauen aufgebaut. Nähern Sie sich dem

Heim außerdem stets langsam und leise sprechend, damit sich das Tier an Ihre noch fremde Stimme gewöhnen kann. Kommt man in Augenhöhe von vorn und nicht von oben, dann vermeidet man Urängste (Raubvögel greifen immer von oben), auf die das Tier immer mit Flucht oder Verkriechen reagiert.

Wenn Sie sich richtig verhalten, wird der kleine Wicht schon nach wenigen Tagen erwartungsvoll quieken und neugierig aus seiner Behausung kommen, um zu sehen, was es nun Gutes geben wird. Schon bald wird Ihre fütternde Hand berochen und das Futter lautstark eingefordert. Vom Füttern aus der Hand über zärtliches Streicheln bis zum geduldeten Herausnehmen aus dem Häuschen und dem Zurücksetzen aus dem Freilauf kann es, je nach Tier, von einigen Tagen bis zu mehreren Wochen dauern. Erst wenn kein Abwehrverhalten mehr feststellbar ist, wird das Meerschweinchen das erste Mal gewogen.

Halten Sie andere Heimtiere, müssen sie während der Eingewöhnungszeit vom neuen Familienmitglied ferngehalten werden! Wie sich das Meerschweinchen ent-

wickeln wird, hängt in hohem Maße von seiner Bezugsperson ab. Erst wenn es ohne Angst leben kann, gehegt und gepflegt und mit Herzenswärme angenommen wird, kann es seine individuellen Eigenschaften zeigen und sein wahres Wesen entfalten. Dann wird es ein Leben lang zutraulich und liebenswert bleiben.

Sicher hochnehmen und tragen

Wichtig ist, das Meerschweinchen, das einen zarten Körperbau hat, nicht zu fest, aber doch sicher zu halten. Schon manches Tier ist auf dem Arm durch irgendetwas erschrocken und abgesprungen. Stürze sind immer gefährlich, selbst aus geringer Höhe. Oder das Meerschweinchen wurde fallen gelassen, weil es aus Angst in die Hand gekniffen hat.
Vorsichtig nähern wir uns mit der Hand und greifen nach einigem Streicheln von

der Seite her zwischen die Vorderbeine. Dabei darf der empfindliche Brustkorb natürlich nicht über die Maßen zusammengedrückt werden. Der Griff darf weder zu fest noch zu locker sein. Schon beim Anheben stützt man mit der anderen Hand das Hinterteil. Dann kann das Meerschweinchen sicher im Arm oder auf dem Schoß ruhen. Eine Hand bleibt dabei stets locker auf dem Körper liegen, um einen Sturz zu verhindern. Beim Stehen und Umhergehen sichern die Hände den Körper an unserer Brust (Kopf nach oben). Völlig falsch wäre es, das Meerschweinchen nur an den Vorderpfoten hochzuheben oder es gar am Nackenfell zu tragen!
Kinder sollten das Hochheben und Tragen unter Anleitung der Eltern oder des Zoofachhändlers üben. Im Sitzen oder in der Hocke ist die Gefahr am geringsten und das Meerschweinchen fühlt sich sicher und geborgen.

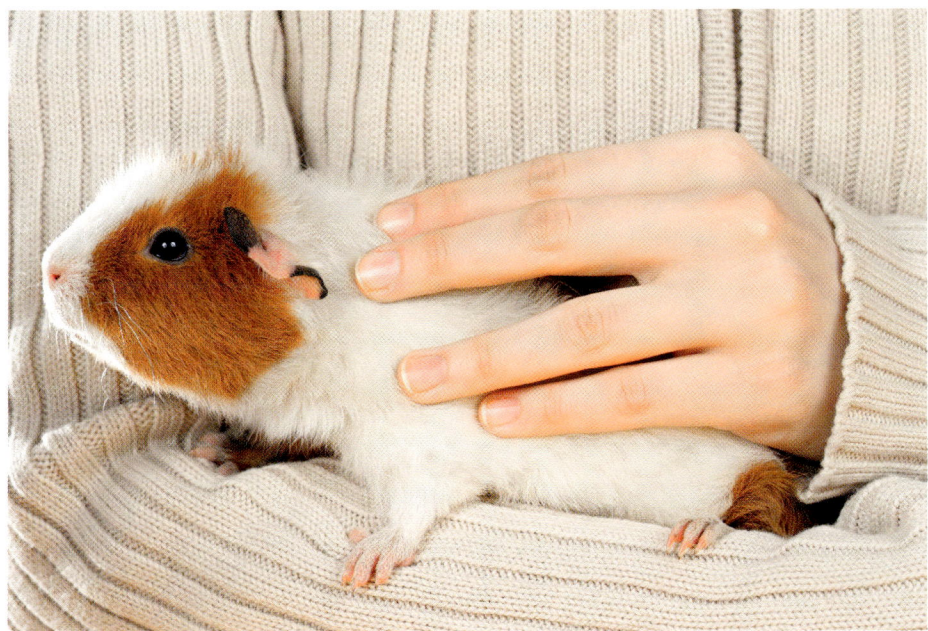

So sitzt das Meerschweinchen sicher auf dem Arm und kann nicht herunterfallen.

Fingerspiele
So zahm sind meine Meerschweinchen

Möhren finden die meisten Meerschweinchen verlockend. Halten Sie ihnen eine vor die Nase und locken Sie sie damit über Ihre ausgestreckte Hand. Die beiden werden der Versuchung nicht widerstehen können. Und wer ist schneller?

So lernen die Meerschweinchen ihre Turngeräte kennen: Locken Sie sie mit einem duftenden Petersilien-Sträußchen hinein, wieder hinaus, oben drauf und wieder runter. Am Schluß ist Futtern angesagt.

Auch ein frisches Salatblatt ist eine appe-
titliche Verlockung. Sie können Ihr Meer-
schweinchen motivieren, es zwischen Ihren
Fingern herauszuziehen und es ihm am
Ende überlassen.
Ein anderes Spiel geht so: Sie bieten dem
Schweinchen ein Salatblatt an, dann
schließen Sie die Hand. Erst wenn das
Schweinchen die Hand anstupst, bekommt
es den Leckerbissen zu fressen.

Meerschweinchen richtig füttern

Meerschweinchens liebste Beschäftigung ist futtern. Appetitlosigkeit ist immer ein Anzeichen einer Unpässlichkeit oder gar einer bedrohlichen Erkrankung.

Alle Meerschweinchen sind echte Vegetarier. Ihre wilden Vorfahren ernähren sich noch heute von frischem Grün sowie Raufutter (trockene Gräser, Blüten, Samen und Blätter, Knospen, Rinde und Zweige). Instinktgeleitet bedienen sich die Wildmeerschweinchen auch der Kräuter aus der „Naturapotheke", die ihnen schmecken und die sie gesund erhalten. Vermutlich munden und bekommen ihnen deshalb auch Heilpflanzen wie Wegerich, Huflattich, Löwenzahn usw. so gut.

Daraus ergibt sich ein vielfältiger, abwechslungsreicher Speiseplan für die kleinen Leckermäuler, der auf den nächsten Seiten ausführlich beschrieben wird.

Die richtige Zusammensetzung

Meerschweinchen brauchen überwiegend ballaststoffreiches (zellulosehaltiges) Futter, das in ihrem 210 bis 230 cm langen Darm langsam aufgeschlüsselt und verwertet wird (Kot fressen, S. 59).

Gute Grundnahrung muss deshalb Eiweiß, Kohlenhydrate, Fette, Vitamine und Spurenelemente sowie Ballaststoffe im richtigen Mengenverhältnis enthalten.

Deshalb sollte man bei der Auswahl des im Fachhandel angebotenen Fertigfutters absolut kritisch sein. Es soll eine möglichst leicht verdauliche Pflanzenkost sein, die alles an Nähr- und Vitalstoffen enthält, was das Meerschweinchen in der jeweiligen Lebenssituation braucht (ein volles Aminosäurespektrum, vor allem Methionin und Lysin, dazu Vitamine, Mineralstoffe, Spurenelemente).

 Frisches Obst und Gemüse ist lecker und gesund.

 Was mag Ihr Meerschweinchen am liebsten?

 Und zum Nachtisch ein Sträußchen Petersilie!

Gutes Futter enthält meist Pellets (getrocknetes Grünfutter), verschiedene Getreidekörner (vermahlen oder gequetscht) und -flocken sowie Trockengemüse. Es soll nicht zu schnell sättigen, nicht zu viele Fettmacher wie Nüsse, Sonnenblumenkerne, Mais, Hanf oder schwer Verdauliches oder gar gefärbte Gebäckreste enthalten. Wertbestimmend für das Futter sind das richtige Mischungsverhältnis sowie die Qualität der Pellets. Gute Mischungen enthalten z. B. viele Blattpflanzen wie Klee, Luzerne, Huflattich, Wegerich sowie Brennnessel. Sie machen nicht fett und nur langsam satt, sodass kontinuierlich immer etwas geknabbert wird.

Vorsicht vor der so genannten Futterbar: Nicht alles, was einem selbst appetitlich vorkommt, bekommt den Meerschweinchen auf Dauer. Beim Selbstmischen des Futters muss man sich beraten lassen, weil sich sonst Verdauungsprobleme einstellen können.

Gute Zoofachgeschäfte führen erprobte, abgepackte Qualitätsfutter, die den Erhaltungsstoffwechsel sichern, aber auch Spezialfutter für besondere Lebenssituationen, z. B. Zucht und Aufzucht.

Möglichst viel knabbern!

Meerschweinchen müssen möglichst viel knabbern, um ihre ständig nachwachsenden Nagezähne abzunutzen (S. 51). Je länger sie mit dem Abbeißen, Kauen und Zermahlen der Nahrung beschäftigt sind, desto besser. Dabei kommt es nicht so sehr auf die „Härte" der Nahrung an, sondern auf das ständige Aufeinanderreiben der Zähne.

Das im Beutel aufgehängte Heu verbindet Fitness-training mit gesunder Ernährung.

Auch das Verdauungssystem braucht einen möglichst ständigen Futternachschub. Über den Tag hinweg verteilen sich ca. 40 bis 60 kleine Mahlzeiten, die oft nur aus einigen Bissen Heu oder Saftfutter bestehen. Eine zu schnelle Sättigung ist genauso ungünstig wie Futtermangel oder gar Fastenzeiten. Diese oder ein Überangebot an Nahrung bedingt, dass sich der Darminhalt nicht stetig und vor allem gleichmäßig bewegt. Er gärt, fault und entwickelt Gase, die zu schweren Verdauungsproblemen führen. Deshalb gehört zu einer gesunden Ernährung, dass die Meerschweinchen immer gutes Raufutter zur freien Verfügung haben: vor allem Heu, auch ungespritztes Stroh oder Zweige bzw. Nagerholz.

Bestes Heu

Heu ist die Grundlage einer gesunden Ernährung, weil es viele Ballaststoffe (Rohfasern), Mineralstoffe und Spurenelemente enthält. Die Wertigkeit des Heus wird von der Menge der darin enthaltenen Wiesen-

CHECK

Hochwertiges Heu

- Es enthält Kräuter und viele Gräser mit Blättern, Blüten und Fruchtständen.
- Die Stängel sind 20 bis 35 cm lang.
- Es ist grün, nicht grau.
- Es duftet aromatisch.
- Es stammt von biozidfreien Wiesen und ist nicht mit Schadstoffen belastet.
- Es ist mindestens 6 Wochen abgelagert, trocken, staub- und schimmelfrei.
- Es liegt locker in der Umhüllung.

Heu muss immer zur Verfügung stehen.

kräuter bestimmt, ebenso vom Mineral-
stoffgehalt des Bodens, auf dem das Gras
wuchs.

Außerdem sind der Schnittzeitpunkt sowie
die Weiterbehandlung des Mähgutes ent-
scheidend dafür, dass man Qualitätsheu
einkauft und die Tierchen es mit wahrer
Lust und stetem Appetit verzehren.

Am besten bietet man das Heu in einer
Raufe an, aus der es mit Begeisterung
herausgezogen und gefressen wird. Verun-
reinigtes Heu muss entfernt werden.
Futterspaß und sportliche Betätigung kommen zusammen, wenn man das Heu in
einen Stoffbeutel mit Löchern füllt und
diesen im Meerschweinchenheim aufhängt.

Korngelbes Stroh

Auch die Stroheinstreu darf geknabbert
werden. Ihr Wert bleibt überwiegend auf
den Ballaststoffgehalt beschränkt. Weil
Stroh mehr unerwünschte Rückstände enthalten kann als Heu, sollte man nur aus
biologischem Anbau kaufen.

Frische Zweige

Frische Zweige und Triebe von allerlei
Gehölzen sind bei unseren Nagern beliebt.
Zweige bieten neben sinnvoller Beschäfti-
gung auch wertvolle Inhaltsstoffe. Die
Rinde und das Holz enthalten gesunde
Ballast- und Gerbstoffe sowie Öle. Beim
Abnagen und Kauen nutzen sich wiederum
die Zähne bestens ab. Gut geeignet ist das
ungespritzte Schnittgut von Kern- und
Steinobst, Haselnuss, Buchen, Pappeln, Erlen
und Weiden. Sicherheitshalber vor dem
Verfüttern waschen und gut abtrocknen!
Im Zoofachhandel gibt es auch sogenanntes
Nagerholz zu kaufen.

Gesundes, saftiges Grün

Natürliches, frisches Grünfutter wie Wildpflanzen, Obst und Gemüse ist besonders
wertvoll, gesund und wird begeistert gefressen. Der Grünfutteranteil an der Nahrung kann nach langsamer Gewöhnung
50 bis 70 g pro kg Körpergewicht und Tag
betragen.

*Frischfutter wird
im Napf angeboten,
nicht gefressenes
wird am nächsten
Morgen entfernt.*

Weil Meerschweinchen Vitamin C (Ascorbinsäure) nicht selbst bilden und im Körper speichern können, müssen sie es mit der Nahrung – vor allem Grünfutter – oder als Zusatz über das Trinkwasser aufnehmen. Bei einer Unterversorgung treten unweigerlich meist schon nach 2 bis 3 Wochen deutliche Mangelerscheinungen auf: Die Tiere werden apathisch und neigen zu Infektionskrankheiten.

Früher oder später kann eine auffällige Schmerzempfindlichkeit in den anschwellenden Beinen festgestellt werden. Außerdem bleiben dann Knochenbrüche nicht

↥ *Futterspaß: Verschiedene Leckerbisssen stecken in den Löchern eines Ziegelsteins.*

mehr lange aus. Kommen noch innere Blutungen hinzu, sind die Schweinchen ernsthaft bedroht. Besonders in den Wintermonaten, wenn das Nahrungsangebot zu einseitig wird, kann Skorbut (Zahnfleischbluten, Zahnlockerung und Ausfall) auftreten. Auch Wunden heilen stark verzögert. Typisch sind vor allem die allgemeine Lustlosigkeit (Apathie) und eine häufig zu beobachtende Seitenlage mit stark abgespreizten Beinchen.

Dem gilt es vorzubeugen: Viel Grünes und vor allem im Winter ein Vitamin-C-haltiges Präparat aus dem Zoofachgeschäft oder etwas Ascorbinsäure aus der Apotheke (pro Tag 30 bis 40 mg in 100 ml Trinkwasser, dem zur Stabilisierung noch 60 bis 80 mg Zitronensäure zugesetzt werden).

Zur Abwechslung bieten wir frisches, reifes und möglichst süßes Obst an, z.B. Äpfel, Birnen oder Melonen. Behandeltes Obst (Waschwasser perlt von der Schale ab) wird immer geschält. Auch geschälte Möhren und Paprika, kleine Stückchen Gurke, Fenchel, Avocado und Topinambur sowie Liebstöckel, Salbei, Wermut, Borretsch und Dill sind geeignete Vitamin-C-Quellen. Knoblauch (auch das Kraut), in kleinen Mengen unter das Futter gemischt, hat besonders beim Aufenthalt draußen eine gute Wirkung und hält in Maßen Parasiten fern.

Achtung: Rohe Bohnen und grüne Kartoffeln sind giftig und dürfen nicht gefüttert werden! Der grünliche Austrieb ist bei Möhren genauso zu entfernen wie der Stielansatz von Tomaten.

Petersilie (keine Samen!) mit ihrem hohen Vitamin-C-Gehalt und einer Vielzahl weiterer wertvoller Inhaltsstoffe wird geschnitten oder gezupft in kleinen Mengen unter alles Grün gemischt. Sie wirkt geruchs-

Vitamin-C-Bomben

Diese Früchte und Gemüse enthalten besonders viel Vitamin C und werden vom Meerschweinchen ohne Blähungen vertragen. Der angegebene Vitamin-C-Gehalt bezieht sich auf 100 g Früchte bzw. Gemüse.

Schwarze Johannisbeeren	177 mg
Petersiliengrün	166 mg
grüne Paprika	139 mg
Kiwi	108 mg
Brokkoli	70 mg
Erdbeeren	64 mg
Spinat	52 mg
Brunnenkresse	51 mg
Apfelsinen	50 mg
Petersilienwurzel	41 mg
Feldsalat	35 mg
Löwenzahnblätter	30 mg
Tomaten	24 mg

hemmend und verbreitet ein angenehmes Aroma. Alle diese Köstlichkeiten sollten aus biologischem Anbau oder unbehandelt aus eigener Erzeugung stammen.

Manche Pflanzen wie Möhren, Löwenzahn usw. enthalten Farbstoffe. Deshalb können nach dem Verfüttern sowohl das Fell (insbesondere weißes) als auch der Urin gefärbt sein, was unbedenklich ist.

Wer Platz und genügend Zeit hat, kann die frische Zukost für seine Lieben selbst produzieren (S. 90). Man weiß, was drin ist, und zudem macht es Spaß.

Frisches Grünzeug enthält viele Vitamine und Mineralstoffe.

Gesunde Wildpflanzen

Auch Wildpflanzen sind gut zur Nahrungs-
ergänzung geeignet. Sie wachsen fast überall. Am besten pflückt man sie von unbe-
wirtschafteten Wiesen, die sich durch
einen artenreichen Kräuterbestand aus-
zeichnen, oder auf Grünflächen und in
Gärten, in denen nichts Giftiges ausge-
bracht wird. Die in der Tabelle aufgeführten Arten empfehlen sich wegen ihres
hohen Nährstoffgehalts und ihrer wertvollen Vitamine und Mineralstoffe. Manche
sind zudem noch ausgesprochen gesund-
heitsfördernd. So sind z. B. ganz junge
Brennnesseln besonders im Frühjahr sehr
wertvoll.

Es gibt auch Orte, an denen man besser
nicht sammelt: Wegränder und Straßen
scheiden wegen der Abgasbelastung aus.
Auch Parkanlagen sind häufig biozidbe-
lastet oder durch Tierkot verunreinigt

(Gefahr der Verwurmung). Auch die Nähe
von Äckern, Baumschulen und Gärtnerei-
en sollte wegen der hohen Schadstoffbelas-
tung gemieden werden. Selbst im eigenen
Garten kann es Probleme geben, wenn dort
oder in der Nachbarschaft Pflanzenschutz-
mittel oder Dünger zum Einsatz kommen.
Der Wind kennt keine Grenzen!

Seltene oder geschützte Pflanzen, die als
Futter in Frage kämen, werden hier be-
wusst ausgeklammert. Ebenso Pflanzen,
die leicht mit giftigen verwechselt werden
können. Generell gilt: Hände weg von Un-
bekanntem. So ist z. B. die Herbstzeitlose,
die gerade im Frühjahr saftige grüne Blätter hervorbringt, äußerst giftig. Am besten
zieht man entsprechende Literatur zu Rate
(👁 S. 125).

Manche Wildpflanzen finden sich auch als
Unkräuter in unseren Gärten.

Wertvolles aus der Natur

- Beifuß
- Blaue Luzerne
- Brennnessel (angetrocknet)
- Gänseblümchen
- Giersch
- Hasenscharte
- Huflattich
- Indianernessel
- Kamille
- Kapuzinerkresse
- Kresse
- Löwenzahn
- Malve (Käsepappel)
- Melde
- Pfefferminze
- Purpursonnenhut
- Ringelblume
- Rotklee
- Salbei
- Sauerampfer (wenig)
- Topinambur
- Wegerich
- Weißklee (wenig)
- Wiesenschafgarbe

❷ *Paprika knabbern die meisten Meerschweinchen gerne.*

Tipps zum Kräuter sammeln

➤ Sammeln Sie nur den Tagesbedarf, damit nichts verwelkt oder verdirbt.

➤ Nehmen Sie nur trockene und saubere Kräuter mit. Keine welken oder vergilbten Blätter verwenden!

➤ Pflanzen sauber abschneiden, nicht ausreißen oder abrupfen, damit sie wieder austreiben können. Nehmen Sie nur Pflanzen, die in großer Zahl vorhanden sind.

➤ Keinen Flurschaden anrichten, gesetzliche Bestimmungen beachten.

➤ Alle Pflanzen luftig und kühl transportieren.

➤ Das Sammelgut nicht länger als zwei Stunden liegen lassen.

➤ Alles, was die Meerschweinchen nicht innerhalb von 3 Stunden aufgefressen haben, wird weggeworfen.

Knabberfutter und Leckereien

Gut geeignet für Meerschweinchen sind Produkte, die vorwiegend Pflanzliches enthalten, z. B. getrocknete Wildkräuter, Gemüse, Obst, Möhrenpellets etc. Pressheu und Nagergebäck kann man ebenfalls geben.

Wertvolle Nahrungsergänzungen

Mineral- oder Salzlecksteine brauchen ausgewogen ernährte, gesunde Tiere in der Regel nicht, da sie die Mineralstoffe über das Futter aufnehmen. Ein Multivitaminpräparat mit hohem Vitamin-C-Anteil aus dem Zoofachhandel kann in der vitaminarmen Zeit sinnvoll sein (nach Absprache mit dem Tierarzt). Es ist auch sinnvoll für kranke und genesende Meerschweinchen, bei Problemen mit dem Haarwechsel und für weibliche Tiere nach der Geburt.

Damit nichts verdirbt

➔ Nur hochwertiges, richtig gelagertes Futter behält seine wertvollen Inhaltsstoffe.

➔ Frisch abgepacktes Futter kaufen und keine zu großen Packungen wählen, auch wenn sie preislich günstiger sind. Je länger ein Futtermittel liegt, desto wertloser wird es.

➔ Angebrochene Packungen kühl, trocken und vor Sonnenlicht geschützt lagern.

➔ Vor dem Verfüttern älterer Chargen sollte man die Sonnenblumenkerne und Nüsse probieren. Wenn sie ranzig schmecken oder riechen, ist das ganze Futter verdorben.

➔ Niemals Futtermittel neben Wasch- und Putzmitteln oder stark ausdünstenden Produkten wie Reinigungs-, Desinfektions-, Schädlingsbekämpfungs- oder Düngemitteln lagern.

➔ Mäuse, Ratten und Schadinsekten dürfen das Futter auf keinen Fall erreichen.

➔ Nie dort kaufen, wo das Futter nicht richtig gelagert wird.

↥ *Fertigfutter soll vorwiegend Pflanzliches enthalten.*

↧ *Salat aus biologischem Anbau ist am gesündesten.*

Kleine Feinschmecker

Meerschweinchen sind durchaus Feinschmecker und vor allem Gewohnheitstiere. Es ist also möglich, dass ein Tier einen vermeintlichen Leckerbissen ablehnt. Denn was die Tiere nicht durch ihre Mutter kennengelernt haben, ist ihnen äußerst suspekt. Nur mit viel Geduld und List kann es doch noch gelingen, den Argwohn zu überwinden.

Außerdem haben Meerschweinchen auch Vorlieben und können futterlaunisch sein. Das heißt, was heute noch Begeisterung auslöst, kann morgen schon abgelehnt werden.

Richtig füttern

Um Verdauungsstörungen zu vermeiden, ist es wichtig, dass das Meerschweinchen auf jede neue Futtersorte mit kleinen Mengen, die langsam gesteigert werden, eingestimmt wird. Dies gilt vor allem für den Freilauf im Garten (👁 S. 94).

Zudem sollte man die Tiere nie einseitig, sondern möglichst abwechslungsreich füttern.

Die Futtermenge

Es hängt von Alter, Temperament, Bewegungsangebot, Behausungsgröße, Einzel- oder Gruppenhaltung, Auslauf drinnen und draußen sowie der Jahreszeit (Umgebungstemperatur) ab, wie viel Futter ein Meerschweinchen braucht. Als Faustregel gilt: Von der Fertigfuttermischung 10 bis 30 g pro kg Körpergewicht (ca. 2 bis 3 Esslöffel) auf den frühen Morgen und späten Nachmittag verteilt geben.

Zusätzlich bekommt jedes Meerschweinchen täglich 40 bis 70 g Saftfutter. Heu und frisches Wasser sollen immer zur freien Verfügung vorhanden sein.

Futterhygiene

Grundsätzlich nur sauberes und frisches Futter reichen. Saftfutter wird sauber und abgetrocknet und in wohldosierten Mengen gegeben. Frisches Gras etc. darf nicht nass sein.

Was an Frischfutter nach drei Stunden noch vorhanden ist, sollte man entfernen, Fertigfutterreste werden nach einem Tag entfernt.

↑ Petersilie sorgt im Meerschweinchenheim für angenehmen Duft.

⟳ *Regelmäßiges Wiegen ist sinnvoll. Dieses Tierchen hat Idealgewicht.*

Gewichtskontrolle

Damit die Meerschweinchen nicht zu dick werden, ist es nötig, sie regelmäßig alle 2 bis 3 Wochen zu wiegen. Nur so kann man rechtzeitig gegensteuern, wenn das geschlechtsspezifische Gewicht um mehr als 20 % über- oder unterschritten wird. Gesunde, erwachsene Meerschweinchen wiegen rund 900 bis 1400 g, wobei die Weibchen leichter als die Männchen sind. Wiegt ein erwachsenes Weibchen z. B. mehr als 1100 g oder ein Böckchen mehr als 1600 g, lässt sich durch Verringern der Fertigfuttermenge und mit einem gesteigerten Bewegungsangebot das Übergewicht leicht wieder abbauen (👁 S. 60).

Der richtige Drink

Meerschweinchen müssen immer nach Belieben trinken können. Das Wasser wird täglich frisch gereicht und die Nippeltränke immer sauber gehalten.

⟳ *Er hat einen gesunden Appetit.*

Wenn ein Meerschweinchen die Nippelflasche noch nicht kennengelernt hat, nimmt man es vorsichtig und hält die Schnauze an den Auslauf, bis ein Tropfen heraustritt. Die Tiere begreifen den Mechanismus meist sehr schnell. Falls es nicht funktioniert, füllt man die Flasche mit verdünntem Möhrensaft.

Leider lässt die Trinkwasserqualität immer mehr zu wünschen übrig. Schadstoffe, z. B. Nitrat, Chlor, aber auch Kupfer, fließen häufig in gesundheitlich bedenklichen Mengen aus unserer Leitung. Schon manches Meerschweinchen ist daran gestorben; besonders empfindlich sind Jungtiere. Um vor allem den schädlichen Kupfergehalt so niedrig wie möglich zu halten, wird die Flasche erst dann mit kaltem Wasser

❶ *Meerschweinchen haben individuelle Vorlieben, was die Ernährung angeht.*

gefüllt, wenn am Morgen schon relativ viel Wasser aus der Leitung abgelaufen ist (ca. 3 Minuten). Chlor kann man durch Erhitzen entfernen. Das Wasser muss dann vor der Verwendung abkühlen.

Sind über 40 mg/l Nitrat oder andere schädliche Substanzen im Wasser enthalten, gibt man stilles und natriumarmes Mineralwasser oder verwendet einen Haushaltsfilter, der die Schadstoffe aus dem Wasser herausfiltert.

Auf keinen Fall darf man jedoch destilliertes Wasser geben, dies schadet den Meerschweinchen massiv.

Ebenso falsch wäre es, anstelle von Wasser verdünnte Milch anzubieten. Sie ist kaum verdaulich und führt durch den enthaltenen Milchzucker zu Durchfall.

Bitte nicht füttern!

Absolut verboten sind:
- Essensreste
- Salat, der nicht aus biologischem Anbau stammt
- Kohl
- Kraut
- altes Brot
- Süßigkeiten
- Kuchen

Nur in sehr kleinen Mengen geben:
- Haferflocken, Nüsse
- Hundekuchen
- Blattsalate
- Sonnenblumenkerne

Gut gepflegt von Kopf bis Fuß

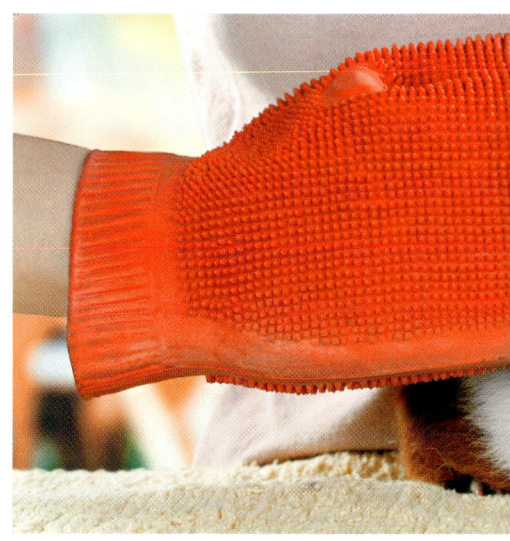

Reinliche Schweinchen

Meerschweinchen sind von Natur aus sehr reinlich und putzen sich oft. Dennoch brauchen sie sorgfältige Pflege, um gesund und munter zu bleiben. Tiere, die mit Menschen nur gute Erfahrungen gemacht haben, genießen die Pflege-Handgriffe sehr.

Richtige Fellpflege

Das Fell schützt die Haut vor Austrocknung und Umwelteinflüssen und dient wild lebenden Tieren als Tarnung. Es unterliegt im Frühjahr und Herbst einem deutlich sichtbaren Haarwechsel. Auch dazwischen haaren die Tiere. Bei Kurzhaarschweinchen wird das abgestorbene Haar mindestens einmal pro Woche ausgekämmt, während des Fellwechsels zwei- bis dreimal wöchentlich. Man kämmt immer mit dem Haarstrich. Langhaartiere muss man täglich kämmen, damit das Fell nicht verfilzt oder sich Parasiten einnisten. Man verwendet einen Spezialkamm mit abgerundeten und drehbaren Zinken (Kat-

zenzubehör). Knoten muss man vorsichtig der Länge nach aufschneiden. Vorsicht, nicht ziepen! „Kämmhilfen" in Sprühflaschen (aus dem Zoofachhandel) und ein Entfilzungskamm sind bewährte Hilfsmittel. Wer sein Langhaartier nicht auf einer Ausstellung zeigen will, kann das Haar auf Bodenlänge einkürzen.

Alle Meerschweinchen kann man auch mit einem noppenbesetzten Pflegehandschuh sanft streichelnd säubern und dabei groomen – ein herrliches Vergnügen.

Achtung, wasserscheu!

Meerschweinchen darf man nicht baden. Das ist auch gar nicht nötig, denn bei richtiger Pflege und Fütterung bleibt ihr Fell sauber und duftet nach frischem Heu. Ist eine Stelle stark verschmutzt oder ein medizinisches Bad nötig, wird das Tier ausnahmsweise mit einem rückfettenden Welpenshampoo und handwarmem Wasser gewaschen und das Shampoo gut ausgespült. Danach trocknet man das Tier

❶ *Sanftes Streicheln mit einem Noppenhandschuh genießen die meisten Tiere.*

❶ *Die Zähne dürfen nicht zu lang werden; notfalls kürzt sie der Tierarzt.*

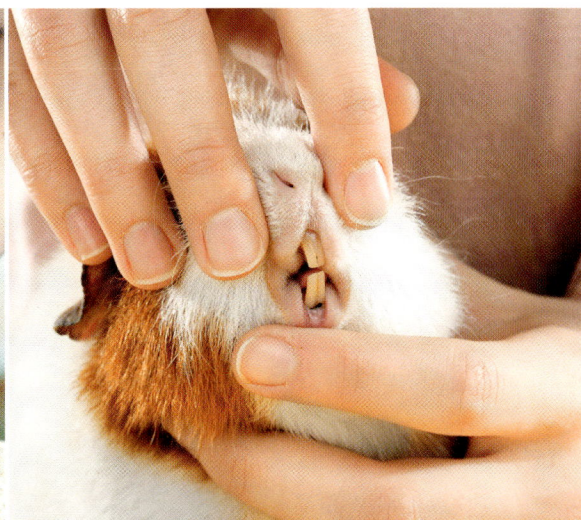

sofort behutsam ab und föhnt es warm (nicht heiß!), bis es trocken ist. Der Raum muss warm und zugfrei sein.

Zahnkontrolle

Frisst das Meerschweinchen nur zögerlich und schlecht oder speichelt es dabei stark, so kann etwas mit den Zähnen nicht in Ordnung sein. Sowohl die Schneide- als auch die Backenzähne können zu lang sein und das Tier beim Fressen behindern und starke Schmerzen verursachen. Dann muss man unbedingt zum Tierarzt. Er kann feststellen, ob eine angeborene Zahnfehlstellung oder falsche Ernährung die Ursache ist und wird die Zähne einkürzen.

❷ *Sekret oder Verkrustungen werden behutsam mit einem angefeuchteten Papiertuch aus dem Augenwinkel gewischt.*

Augenpflege

Bei langhaarigen Tieren (wie z. B. den Peruaner-Meerschweinchen) kann man das Fell, das die Augen bedeckt, etwas einkürzen. Schlafkrümel oder leichte Verkrustungen werden mit lauwarmem Wasser ange-

feuchtet und mit einem sauberen Papiertaschentuch vorsichtig abgewischt. Nichts in das Auge reiben! Gelblich gefärbtes Sekret oder ständiger Tränenfluss deuten auf eine Verletzung beziehungsweise Krankheit hin und müssen vom Tierarzt untersucht werden.

→
Auswischen mit einem sauberen Tuch ja, Stochern mit Wattestäbchen niemals!

Ohrenkontrolle

Normalerweise bleiben die Ohren stets sauber. Wenn das Meerschweinchen jedoch im Heu oder in der Einstreu wühlt, kann Staub oder Dreck das Ohr verschmutzen. Mit einem sauberen Tüchlein wird der Schmutz vorsichtig herausgewischt. Verwenden Sie niemals Wattestäbchen! Sind die Ohrränder verkrustet, riecht das Ohr schlecht oder kratzt sich das Meerschweinchen häufig, sollte man möglichst schnell einen Tierarzt aufsuchen. Parasiten oder eine Entzündung im Gehörgang können die Ursache sein.

Fußpflege

Da Meerschweinchen meist zu wenig Gelegenheit zum Scharren haben und sie ihre Krallen kaum auf rauen Böden ablaufen können, werden diese oft so lang, dass sie das Tier behindern, abreißen oder sich das Nagelbett entzündet.

Besonders die vier Krallen an den Vorderfüßen wachsen schneller als die drei der hinteren. Sind sie auffällig lang oder gar korkenzieherartig gedreht, müssen sie eingekürzt werden.

Bitten Sie Ihren Tierarzt, Ihnen das richtige Krallenschneiden zu zeigen. Am besten arbeitet man zu zweit: Eine Person hält das Tier, fixiert dabei die Pfote mit den Fingern und schiebt das Fell beiseite, damit die andere Person die spezielle Krallenzange richtig ansetzen kann. Vor einer Lichtquelle kann man den vorderen Bereich der Kralle, in dem Adern und Nerven verlaufen, meist gut erkennen. Man schneidet 3 bis 5 mm davor ab.

Sind die Krallen undurchsichtig, kürzt man öfter die Spitzen, sodass sie stets im Bogen nach unten zeigen und beim Laufen die ganze Fußfläche auf dem Boden aufliegt.

Tritt, trotz aller Vorsicht, beim Krallenschneiden etwas Blut aus, so versorgt man die Stelle mit Sprühpflaster.

Reinigung der Analregion

Die Analgegend und die Hautfalten neben den Geschlechtsorganen halten Meerschweinchen normalerweise selbst recht sauber. Trotzdem sollte man die Analregion regelmäßig kontrollieren. Denn wenn einmal Durchfall auftritt, können Reste davon mit der Einstreu verkleben und im Fell haften bleiben. Dies kann besonders bei langhaarigen Meerschweinchen passieren. Stellt man Ablagerungen oder Verkrustungen fest, entfernt man diese mit hautwarmem Wasser und einem weichen Tüchlein und trägt anschließend etwas Babyöl auf.

Zurück von draußen

Bei neu hinzugekauften Tieren oder nach dem Freilauf sollte man das Fell mit einem so genannten Floh- oder Läusekamm über einem weißen Tuch auskämmen, um Ektoparasiten wie Flöhe, Läuse, Haarlinge und Milben sofort zu entdecken und auf diese Weise zu entfernen. Schwärzliche Kügelchen, die dabei herausgekämmt werden, sind Flohkot. Sie weisen also auf einen Flohbefall hin.

Wirksame Parasitenmittel erhält man im Zoofachgeschäft. Man wendet sie genau nach der Gebrauchsanweisung an und bezieht immer die Umgebung der Tiere mit ein!

Die Analregion sollte nach dem Freilauf ebenfalls genau kontrolliert werden. Denn bei feuchtem Kot verklebt das Fell, und dort legen Fliegen ihre Eier hinein. Im Handumdrehen schlüpfen dann Maden, die sich in die Haut bohren und gefährliche Entzündungen verursachen. Sollte einmal ein solcher Befall vorliegen, muss man sofort den Tierarzt aufsuchen.

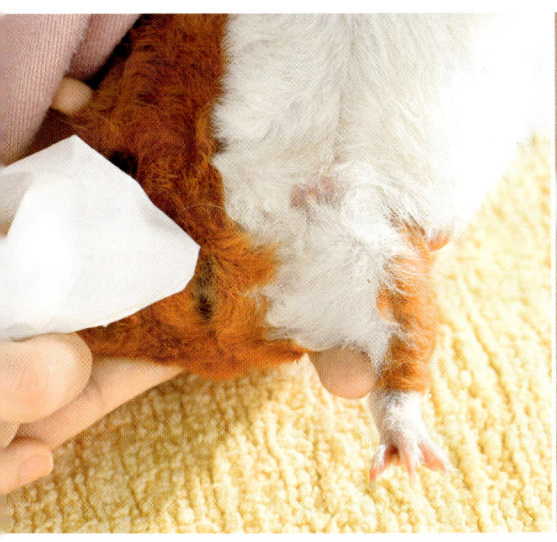

⬆ *Meist halten sich die Tierchen die Analregion selbst sauber.*

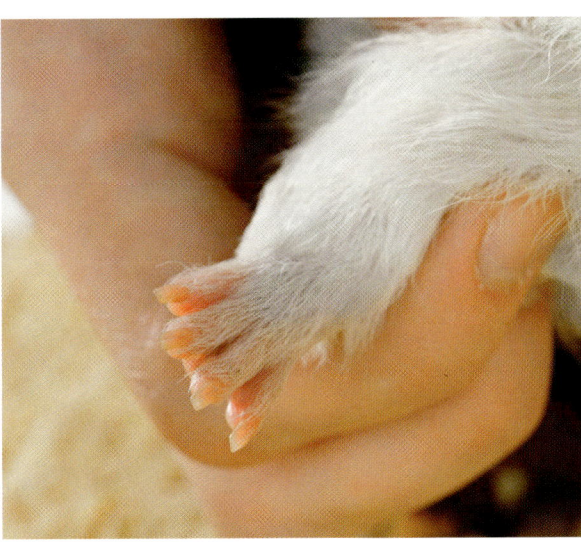

⬆ *Eine regelmäßige Kontrolle der Krallen ist wichtig.*

Urlaubszeit mit Meerschweinchen

Schweinchenglück – auch im Urlaub

Auch wenn Sie in den Urlaub fahren, sollen sich Ihre Meerschweinchen wohlfühlen. Und so sorgen Sie während Ihrer Abwesenheit fürs Schweinchenglück.

Die Wochenendversorgung

Meerschweinchen können ein Wochenende durchaus einmal allein (ohne Tiersitter, 👁 unten) zu Hause verbringen – vorausgesetzt, genügend Futter, Heu und Wasser sind vorhanden. Sicherheitshalber wird eine zweite Wasserflasche montiert und zusätzlich eine Möhre mehr gegeben. Nach der Rückkehr muss man alles, was nicht gefressen wurde, sofort entfernen. Wenn die Meerschweinchen zu viel gefressen haben, füttert man am darauf folgenden Tag weniger gehaltvolles Fertigfutter und stattdessen mehr Saftfutter.

Ein Wochenende allein

Vor der Fahrt ins Wochenende

➡ reinigt man die Toilettenecken,

➡ tauscht verschmutzte Einstreu gegen frische aus,

➡ stellt reichlich Heu und Fertigfutter für die Zeit der Abwesenheit zur Verfügung,

➡ installiert zur Sicherheit eine zweite Trinkflasche und einen zweiten Futterspender. Denn eine Flasche kann z. B. einmal auslaufen und ein Spender verstopfen.

Reisen – gut geplant

Bei längerer Abwesenheit sollte man sich rechtzeitig um einen Tiersitter kümmern. Der Betreuer sollte die Tiere möglichst schon kennen. Gibt man die Tierchen außer Haus, kann es Probleme geben, wenn sich in der Gastfamilie Kleinkinder und Hund oder Katze befinden oder man seine Gruppe aufteilen muss. Dann ist es besser, rechtzeitig beim Zoofachhändler anzufragen, ob zum gewünschten Termin Platz ist.

Auf kürzere Reisen
können die Meer-
schweinchen gut
mitkommen.

Wichtig Geben Sie Ihrem Tiersitter die Info-Karte „Für den Urlaub" mit, oder hängen Sie sie gut sichtbar in der Nähe des Meerschweinchenheims auf.

Schweinchen auf Reisen Lässt es das Reiseziel zu (unbedingt Tierarzt oder ADAC nach den Einreisebestimmungen fragen), kann man die Meerschweinchen mit ihrem Heim mitnehmen. Vorausgesetzt, am Urlaubsort herrschen gewohnte Klimabedingungen und man darf Tiere mitbringen. Für die Fahrt bietet sich eine Transportbox mit möglichst großen Lüftungsschlitzen, Gittertür und einem stabilen Griff an. Stellen Sie unterwegs sicher, dass weder extreme Temperaturschwankungen, Hitze (über 25 °C), Zugluft oder Kälte den Tieren schaden. Vergessen Sie das gewohnte Futter und Heu nicht!
Wohler fühlen sich Ihre Meerschweinchen allerdings in ihrer gewohnten Umgebung.

Bis ins hohe Alter
Natürlich gesund

So bleiben Ihre Meerschweinchen gesund

Artgerecht gepflegte und fitte Meerschweinchen, die viel Auslauf und Zuwendung erhalten, werden selten krank. Trotzdem ist es wichtig, mögliche Erkrankungen zu erkennen, damit man im Krankheitsfall schnell reagieren kann.

Gesundheitsvorsorge

Meerschweinchen sind Rudeltiere. Sie versuchen auch dann einen gesunden Eindruck zu machen, wenn sie sich nicht wohl fühlen. Denn kranke Tiere werden von der Gruppe ausgestoßen. Deshalb verhalten sich kranke Meerschweinchen – so lange es geht –, als ob sie gesund wären.
Oft leiden die Tiere still vor sich hin. Man kann ihr Unwohlsein zunächst nur an ihrem veränderten Verhalten feststellen. Erste Anzeichen, dass etwas nicht in Ordnung ist, sind gut zu erkennen (👁 Tabelle S. 65). Sind die Ursachen klar, genügt es oft schon, diese abzustellen.

Vor dem Tierarztbesuch

Vor jeder erfolgversprechenden Behandlung muss eine genaue Diagnose erfolgen. Daher ist es so wichtig, schon bei der leisesten Unsicherheit einen Tierarzt aufzusuchen – zumal es auch eine akute und ansteckende Krankheit sein könnte.

Für den Transport eignet sich eine Transportbox (mit einer dicken Schicht Küchenpapier auslegen) mit Gitter, deren Oberteil zu öffnen oder abnehmbar ist. Für eine schnelle Diagnose empfiehlt es sich, die auf 👁 S. 66 aufgeführten Punkte zu notieren.

Krankenpflege

Ein erkranktes Tier ist von anderen zu trennen. Fragen Sie den Tierarzt nach speziellen Hygienemaßnahmen. Damit die Behandlung erfolgreich ist, muss man sich genau an die Gebrauchs- und Dosierungsanweisung des Medikaments halten. Lagern Sie die Medikamente dunkel, trocken, kühl und stets verschlossen sowie unerreichbar für Kinder und Tiere. Beachten Sie das Verfallsdatum! Selbstverständlich darf eine angefangene Behandlung nicht auf eigene Faust unter- oder gar abgebrochen werden. Erst nach Rücksprache mit dem behandelnden Tierarzt darf man die Medikamentengabe einstellen.

Meerschweinchen sind geduldige und sanfte Patienten. Sie brauchen, wenn sie sich nicht wohl fühlen, unser ganzes Mitgefühl und viel Zuwendung. Die kleinen Rekonvaleszenten sollten bis zur völligen Wiederherstellung besonders viel Ruhe genießen, und man darf sie keinerlei Stress aussetzen. Auch Kinder verstehen das recht gut.

Impfungen Sie sind nur bei Auslandsreisen ggf. gegen Tollwut nötig.

Rotlichtbehandlung Kranke Tiere sind besonders wärmebedürftig. Außerdem wirkt die Rotlichtbestrahlung schmerzlindernd und entkrampft verspannte Muskulatur. Wenn das Tier so schwach ist, dass es nur noch auf der Seite liegt, muss man es unbe-

Ein regelmäßiger Gesundheits-Check hilft, Krankheiten frühzeitig zu erkennen.

Das gesunde Meerschweinchen

Ein gesundes Meerschweinchen ...
- ist lebhaft, aufmerksam und munter,
- ist kompakt und wohlgeformt, nicht zu fett oder zu mager,
- hat klare, glänzende Augen,
- hat trockene und saubere Ohren und Lippen,
- hat eine trockene bis leicht feuchte, saubere Nase,
- atmet ruhig (ca. 100 bis 150 Atemzüge pro Minute),
- hat eine Körpertemperatur von 37,8 bis 39,5 °C,
- läuft locker und frei,
- hat saubere Sohlen,
- hat eine saubere Analregion,
- kaut problemlos und speichelt nicht,
- hat Schneidezähne, die gerade aufeinanderstehen,
- frisst mit Appetit,
- betreibt regelmäßig Körperpflege,
- zeigt ein glänzendes, dichtes Fell ohne Parasiten,
- riecht nach frischem Heu oder Stroh.

dingt in regelmäßigen Abständen drehen, damit es gleichmäßig gewärmt wird. Man stellt die Lampe in ca. 50 cm Abstand vom Heim auf und bestrahlt den ganzen Tag. Prüfen Sie mit der Hand für mindestens 2 Minuten, ob man die Temperatur gut aushalten kann. Abends die Temperatur langsam absenken, indem man den Abstand zum Heim allmählich vergrößert.

Kastration

Sie kann nötig werden, wenn man mehrere Männchen zusammen pflegen will oder keinen Nachwuchs möchte. Das Böckchen sollte mindestens 3 Monate alt und bei bester Gesundheit sein. Obwohl gute Kleintierärzte die Kastration als Routine sehen, bleibt natürlich, wie bei jedem operativen Eingriff, ein Restrisiko durch die Narkose. Ansonsten bleibt der Eingriff ohne Folgen. Allerdings kann bei zuchterfahrenen Böckchen das „Wollen" noch bestehen bleiben.

⬇ *Geselligkeit, Freilauf und abwechslungsreiches Futter tragen zur Gesundheit bei.*

Die Befruchtungsfähigkeit ist erst ab der 6. Woche nach dem Eingriff vollständig ausgeschaltet.

Weibchen werden in der Regel nur bei medizinischer Indikation (Gebärmutterproblemen) kastriert, weil bei ihnen der Eingriff viel aufwendiger ist als bei den Böckchen.

Kot fressen

Meerschweinchen fressen, wie Kaninchen, ihren Kot, weil bei der ersten Darmpassage die Nahrung nicht vollständig aufgeschlüsselt wird und nicht alle wertvollen Bestandteile aufgenommen werden können. Im langen Blinddarm erfolgt eine Verdauung

◄ *Wenn in der Gruppe kein Nachwuchs gewünscht ist, sollte man die Böckchen kastrieren lassen.*

des Nahrungsbreis durch Bakterien. Die Ausscheidungen aus dem Blinddarm (Blinddarm- oder Vitaminkot) enthalten daher vorverdaute Nährstoffe und Bakterien. Es sind schwach geformte, hellere, feucht glänzende Kügelchen, die vom Tier sofort vom After abgenommen und aufgegessen werden – meist nachts oder am frühen Morgen. Bei der zweiten Darmpassage wird dann der bereits aufgeschlossene Nahrungsbrei mit den darin enthaltenen Vitaminen optimal genutzt sowie die Darmflora mit Bakterien aufgefrischt. Man darf Meerschweinchen daher auf keinen Fall daran hindern, ihren Blinddarmkot zu fressen (z. B. durch Haltung auf Gitterrosten)!

Zoonosen

Dies sind Erkrankungen, die vom Tier auf den Menschen und umgekehrt übertragen werden können (z. B. Hautpilze). Man sollte sie nicht unter-, aber auch nicht überschätzen. Die Gefahr, sich am Tier anzustecken, ist eher geringer als umgekehrt. Wichtig ist es jedoch, bei Erkrankungen dem Arzt mitzuteilen, dass man ein Heimtier pflegt.

Übergewicht

Zu dick sein bedeutet auch beim Meerschweinchen ein erhöhtes Gesundheitsrisiko. Es kann auch Zuchtprobleme und Anfälligkeiten geben, die sonst nicht auftreten würden. Starkes Übergewicht sieht und fühlt man.

Durch regelmäßiges Wiegen kann man drohendes Übergewicht erkennen und rechtzeitig gegensteuern. Man verschafft den Tieren mehr Bewegung und verfährt nach folgendem Diätplan: Langsam das Kraftfutter (Fertigfutter) reduzieren und, wenn nötig (wenn das Tier nicht abnimmt), erst einmal ganz weglassen und gleichzeitig den Saftfutteranteil erhöhen. Immer für genügend erstklassiges Heu sorgen und ein Vitamin- und Mineralstoffpräparat reichen.

Bis zum Erreichen des optimalen Gewichts auf alles verzichten, was fett macht (Leckereien). Anschließend wird eine kleinere Fertigfutterration als zuvor gegeben, eventuell muss man die Futtermarke wechseln, wenn diese zu viele fett machende Bestandteile enthält.

↑ *Kuscheln erlaubt: Bei normaler Hygiene ist die gegenseitige Ansteckungsgefahr gering.*

❂ *Knabberfutter für die Abnutzung der Zähne.*

❂ *Heu ist gesund und macht nicht dick.*

Auf keinen Fall einen Fastentag einlegen, das würde zu Verdauungsstörungen führen. Dagegen den Körper des übergewichtigen Meerschweinchens möglichst oft mit einem noppenbesetzten Pflegehandschuh von vorn nach hinten abstreichen. Das dient dem Wohlbefinden und regt den Stoffwechsel an.

Das alte Meerschweinchen

Manchmal beginnt das Altern schon im 5. oder 6. Lebensjahr. Erstes Anzeichen ist ein geringeres Bewegungsbedürfnis. Der kleine Kerl wird ruhiger, Hindernissen weicht er aus, und den Ausguck erklimmt er kaum noch. Das Fell wird matter und dünner. Nun lasst man das Meerschweinchen nur noch tun, was es von sich aus möchte. Der Ein- und Ausstieg ins Heim wird erleichtert und der Futter- und Wasserbehälter niedriger gehängt. Treten Kaubeschwerden auf, so wird der Tierarzt die Zähne richten. Wenn notwendig, wird die Nahrung auf püriertes, geschrotetes oder noch mehr Saftfutter umgestellt. Das unverzichtbare Heu wird ganz klein geschnitten unter das Futter gemischt. Jetzt ist besonders die

CHECK
So vermeiden Sie Zoonosen

☐ Mundkontakt unterlassen (kein Küsschen geben).

☐ Nach dem Umgang mit den Meerschweinchen stets die Hände waschen.

☐ Vor oder während des Essens nicht streicheln.

☐ Regelmäßig die Einstreu wechseln und die Toilettenecke gründlich desinfizieren.

☐ Köddel und Urin sowie Futterreste regelmäßig entfernen.

☐ Durch ruhigen Umgang Bisse vermeiden.

☐ Kränkelnde Tiere stets dem Tierarzt vorstellen.

☐ Bei der Krankenpflege eigene Hygiene beachten.

☐ Bei einem Freiluftaufenthalt darauf achten, dass die Meerschweinchen nicht mit anderen Tieren zusammenkommen.

☐ Neu hinzugekaufte Tiere zunächst in Quarantäne pflegen.

☐ Stets für optimale Pflege sorgen. Denn vitale Tiere sind kaum anfällig für Erkrankungen.

⊙ *Zusammen fühlen sie sich wohl – gesunde Meerschweinchen sind keine Einzelgänger.*

Vitamin- und Mineralstoffversorgung wichtig. Auch Aufbaupräparate sind empfehlenswert.

Das alternde Meerschweinchen braucht jetzt besonders gute Pflege. Jeglicher Stress wird von ihm ferngehalten. Auch auf allzu viel Neues (z. B. weitere Heimtiere) sollte man verzichten und jeden Tag genießen, den man noch miteinander verbringen kann.

Wenn es auch mit dem wilden Herumtollen nicht mehr so richtig klappt, so legt das Tier doch noch großen Wert auf unsere Gesellschaft und ausgiebige Streicheleinheiten. Darauf sollte man bis zur letzten Stunde nicht verzichten.

Alte Meerschweinchen entschlafen meistens ohne merkliche Leiden. Bei großen Schmerzen oder unheilbaren Leiden kann der Tierarzt diese verkürzen. Das ist man seinem geliebten Tierchen schuldig. Kindern sollte man ruhig sagen, dass zu einem erfüllten Leben auch ein Abschied gehört, aber das Tierchen keine Angst vor seinem natürlichen Ende kennt.

Abschied nehmen

Wenn ein Meerschweinchen stirbt, dann trauert der hinterbliebene Artgenosse oft recht deutlich – auch wenn wir uns noch so große Mühe mit noch mehr Streicheleinheiten geben. Man sollte dem Tier wieder einen Partner gönnen. Am besten werden Jungtiere des gleichen Geschlechts unter 6 bis 10 Wochen akzeptiert (wenn nötig, Böckchen kastrieren lassen).

⊙ *Ältere Tiere brauchen mehr Ruhe.*

Krankheiten von A bis Z

Augenerkrankungen

Jegliche Veränderungen, Infektionen und Entzündungen am Auge und an den Bindehäuten muss der Tierarzt versorgen. Eventuell kann man Fremdkörper, die unter dem Lid stecken, sehr vorsichtig selbst entfernen. Erkrankte Tiere bei gedämpftem Licht pflegen.

Ballenentzündungen

Sie werden durch Übergewicht und feuchte Einstreu begünstigt. Hilfreich sind Ringelblumen- oder Wundsalben (Füße danach verbinden, damit die Einstreu nicht anklebt) und Bäder mit Kamillenauszügen und desinfizierenden Lösungen.

Blasenentzündung

Das Tier zeigt eine feuchte Afterregion und Schmerzäußerungen beim Wasserlassen und beim Anfassen. Urinprobe vom Tierarzt untersuchen lassen (Tier in eine Plastikwanne setzen, Urin mit einer Einwegspritze aufsaugen). Unterstützend kann das homöopthische Mittel Cantharis D6 gegeben werden.

Blutungen

Blutungen aus Maul, Nase, After oder Geschlechtsöffnung sind ein Alarmzeichen. Sofort den Tierarzt aufsuchen.

Durchfallerkrankungen

Sie können durch Würmer, Parasiten, Viren oder auch die Fütterung bedingt sein. Bei heftigen Durchfällen oder Blutbeimengungen sofort zum Tierarzt. Er wird auch die Ursache diagnostizieren, die dann abgestellt werden muss. Bei Durchfall ohne Blutbeimengung das Grün- und Saftfutter vorübergehend weglassen und durch Trockenfutter ersetzen; bestes Heu zur freien Verfügung; frisches, chlorfreies Wasser; Weidenzweige mit Blättern (Salweide); getrocknete Heidelbeeren; täglich einen Teelöffcl Johannisbrotkernmehl ins Futter mischen. Wenn nach 2 Tagen keine Besserung eingetreten ist, unbedingt den Tierarzt aufsuchen.
Bei Durchfall regelmäßig das Fell im Afterbereich feucht und dann trocken sauber wischen.

↑ Bei guter Pflege sind Meerschweinchen wenig anfällig für Erkrankungen.

Eierstockzysten

Sie treten häufiger im Alter zwischen 2 und 4 Jahren auf. Ein verdickter Leib und Haarausfall an Flanken und Rumpf deuten darauf hin. Der Tierarzt wird eine Hormonbehandlung oder Operation vorschlagen.

Ektoparasiten

Besondere Ansteckungsgefahr besteht draußen. Wirksame Mittel zur Behandlung von Haarlingen, Milben, Läusen, Flöhen sind im Zoofachgeschäft oder beim Tierarzt erhältlich. Gebrauchsanweisung beachten und Nachbehandlung nicht vergessen, um den Neubefall aus übrig gebliebenen Eiern auszuschließen!

Endoparasiten

Symptome sind ein aufgetriebener Bauch bei Abmagerung, Appetitmangel und Kotveränderungen. Der Tierarzt wählt das Mittel entsprechend der diagnostizierten Wurmart aus.

Grünfutter liefert wichtiges Vitamin C.

Erkältungskrankheiten

Niesen kann durch staubige Einstreu, Reinigungsmittel oder die Raumluft hervorgerufen werden. Nasenfluss, röchelnder Atem und geschwollene, tränende Augen lassen auf eine Erkrankung schließen; dann den Tierarzt aufsuchen. Vorbeugung: Luftfeuchtigkeit 50 bis 70 %, Raumtemperatur 18 bis 22 °C, ausreichende Vitamin-C-Versorgung.

Gewichtsverlust

Nimmt von mehreren zusammenlebenden Böckchen eines plötzlich ab, kann es unter der Dominanz der anderen leiden und sogar sterben. Dann muss man die Tiere gegebenenfalls trennen.

Haarausfall

An den Flanken kann er ein Hinweis auf Eierstockzysten sein.

Hautentzündungen

Sie werden meist durch Parasiten (Milben) oder Pilzinfektionen hervorgerufen, eventuell durch Bissverletzungen. Die Symptome sind Kratzen, unruhiges Umherrennen, Schuppen oder krustige Stellen im Fell. Der Tierarzt wird vor der Behandlung eine genaue Diagnose stellen (Abstrich, Kultur).

Hitzschlag

Er kann auftreten, wenn ein Tier großer Wärme oder praller Sonne ausgesetzt war. Es liegt dann flach, atmet kaum noch, fühlt sich schlaff an und die Muskeln zittern. Dann sofort ins Kühle bringen (15 bis 18 °C), Wasser anbieten (Tropfen vom Finger lecken lassen), Beinchen mit Wasser benetzen, trocken-kühles Tuch auf den Körper legen.

Bei diesen Symptomen zum Tierarzt!

- Abmagerung trotz Nahrungsaufnahme
- Afterregion verklebt
- Appetitlosigkeit
- Angeschwollene oder wunde Bein-
  chen und Sohlen
- Atembeschwerden (heftige Atmung,
  Kurzatmigkeit)
- Aufgetriebener Leib (Bauchdecke hart
  und angespannt wie eine Trommel
  oder aufgetrieben und weich)
- Beißversuche und Fiepen bei
  Berührung

- Bewegungen, verzögerte
- Blutspuren
- Blut im Urin
- Durchfall, zum Teil auch mit Blut
- Flüssigkeitsaufnahme, starke
- Fell, struppiges
- Gewichtsabnahme, starke
- Gleichgewichtsstörungen
- Gliedmaßen, eigenartig gewinkelte
- Haarausfall außerhalb des Fellwech-
  sels im Herbst
- Harnabsatz, auffällig häufiger
- Hautrötungen, borkige Haut
- Häufiges Husten
- Kahle Stellen im Fell
- Kopfschütteln, auffallendes
- Kopf-Schiefstand, ungewöhnlicher
- Kotbeschaffenheit, Änderungen der
  Kotfarbe oder des Kotgeruchs
- Krämpfe
- Krallen, eingewachsene, korken-
  zieherartig gedrehte
- Kratzen, häufiges (Verdacht auf
  Parasiten)
- Lähmungserscheinungen
- Lider, geschwollene

- Nasenbluten
- Nasenausfluss, plötzlich auftretender,
  auch eitrig
- Niesen, häufiges
- Ohr: ständiges Kratzen, Verkrustungen
  an und im Ohr, Schwellungen,
  Beulen, Abszesse
- Schwellungen an den Lippen
- Schwellungen und Veränderungen
  an Gesäuge und/oder Geschlechts-
  organen
- Schuppenbildung, starke
- Seitenlage, unnatürliche
- Speicheln, starkes
- Tränende oder eiternde Augen
- Trübungen der Augen oder geröteter
  Augapfel
- Unruhe, wenn Hunger und Durst
  ausgeschlossen
- Verharren, stundenlang und reglos
- Verkriechen im Häuschen, ständiges
- Verstopfung, eventuell im Wechsel
  mit schleimigem, stinkendem Kot
- Wunden und Borken
- Zähne, überlange, gebogene oder
  gedrehte bzw. scharfe Kanten
- Zittern, lang andauerndes

CHECK
Vor dem Tierarztbesuch notieren

- [ ] Wie alt ist das Tier?

- [ ] Seit wann lebt es bei Ihnen?

- [ ] Wo und wie wird es gepflegt?

- [ ] Seit wann ist es unpässlich?

- [ ] Welche Symptome zeigt es?

- [ ] Hat es Appetit und Durst?

- [ ] Wann hat es das letzte Mal etwas zu sich genommen?

- [ ] Was hat das Meerschweinchen gegessen und getrunken?

- [ ] Kann es etwas Schädliches oder Giftiges aufgenommen haben? (ggf. Reste davon und die Verpackung mitnehmen)

- [ ] Wie sind die Ausscheidungen geformt und gefärbt?

- [ ] Gibt das Tier Schmerzensäußerungen von sich?

- [ ] Handelt es sich um ein Zuchttier?

- [ ] Nehmen Sie eine Kotprobe mit oder, wenn ein Vergiftungsverdacht vorliegt, packen Sie angefressene Pflanzenteile ein.

- [ ] Notieren Sie, was sich alles in der Reichweite der Tiere befindet (Pflanzen etc.).

Humpeln

Bei Hinken und Lahmen vom Tierarzt abklären lassen, ob Meerschweinchenlähme oder eine Verletzung an Wirbelsäule oder Becken vorliegt (zum Beispiel nach einem Sturz). Es kommen auch Vitamin-C-Mangel, Gebärmutterentzündung, Eierstockerkrankungen oder Kalziummangel nach der Geburt (Eklampsie) als Ursache in Frage.

Knochenbrüche

Bei unnatürlich abgespreizten oder abstehenden Gliedmaßen und Schmerzempfindlichkeit (auch im Rippenbereich) könnte ein Knochenbruch vorliegen. Dann sollte man umgehend einen Tierarzt aufsuchen.

Kokzidiose

Dies ist eine ansteckende Darmerkrankung, hervorgerufen durch Endoparasiten. Sie äußert sich durch Durchfall, Blutungen aus dem Darm, klumpigen, schleimigen, blutigen Kot. Das Fell ist gesträubt, die Meerschweinchen machen einen Katzenbuckel, leiden unter Appetitlosigkeit und magern rasch ab. Sofort zum Tierarzt! Erkrankte Tiere muss man separieren und auf Hygiene achten. Unterstützend die ausreichende Vitamin-C-Versorgung sicherstellen.

Lippengrind

Er kann durch Verletzungen oder eine Unterversorgung mit Fettsäuren hervorgerufen werden. Am besten lässt man eine Diagnose vom Tierarzt stellen und füttert vorsorglich geschälte Sonnenblume und Leinsamenschrot zu (Gewicht kontrollieren!). Ringelblumensalbe kann ebenfalls helfen.

❡ *Eine solche Transportbox ist für den Besuch beim Tierarzt praktisch.*

Meerschweinchenlähme

Dies ist eine unter Meerschweinchen
ansteckende Gehirn- und Rückenmarks-
entzündung, wahrscheinlich durch Viren
hervorgerufen. Sie äußert sich durch Lähmungserscheinungen (beginnend an den
Hinterbeinen), Appetitlosigkeit und ge-
sträubtes Fell und gehört unbedingt sofort
in tierärztliche Behandlung. Das erkrankte
Meerschweinchen von den anderen separieren, um die Ansteckungsgefahr zu verringern!

⬇ Wundsalbe wird behutsam und sauber mit einem Wattestäbchen aufgetragen.

⬇ Regelmäßig kontrollieren, ob die Schneidezähne nicht zu lang werden!

Ohrenprobleme

Wenn sich ein Meerschweinchen häufig am Ohr kratzt oder scheuert, untersucht man in gutem Licht, ob ein Fremdkörper darinsteckt (Granne, Heustückchen) und entfernt diesen vorsichtig mit einer stumpfen Pinzette. Bei Geruch nach faulem Fleisch oder Käse sowie bei Rötungen und Verkrustungen sofort den Tierarzt aufsuchen.

Pilzbefall

Die Dermatomykose wird von Tier zu Tier oder über Futter, Wasserflasche und Einstreu übertragen und äußert sich durch kreisförmigen Haarausfall mit rotem Rand, schuppig-borkige Beläge und Juckreiz. Da die Erkrankung auch auf den Menschen übertragen werden kann, sofort zum Tierarzt! Pilzbefall wird begünstigt durch Feuchtigkeit, schlechte Ernährung, verpilzte Nahrungsmittel (Heu riecht nach Champignons) und ein schwaches Immunsystem der Tiere.

Schuppenbildung

Sie wird durch Stoffwechselstörungen, gestörten Haarwechsel oder zu trockene Raumluft hervorgerufen. Der Tierarzt sollte die Diagnose stellen. Danach richtet sich die Behandlung bzw. die Optimierung der Haltungsbedingungen.

Stumpfes Fell

Hier liegt eine ernährungsbedingte Mangelerscheinung vor, es fehlen Vitamine und Mineralstoffe. Ein biotinhaltiges Vitaminpräparat geben!

Trommelsucht, Blähsucht

Bei diesen Verdauungsstörungen ist der Leib aufgedunsen, häufig tritt Seitenlage und schnelle Atmung auf. Sofort zum Tierarzt! Ursache erforschen und abstellen.

Tumoren

Jeglicher Verdacht auf Tumoren (kenntlich an Verdickungen) sollte vom Tierarzt abgeklärt werden.

Vergiftungen

Symptome sind Zittern, veränderte Atmung, starkes Speicheln, Krämpfe, Bewegungsstörungen, Durchfall. Als Ursachen kommen Giftpflanzen (👁 S. 83), Reinigungsmittel, Medikamente, Chemikalien aller Art in Frage. Sofort zum Tierarzt gehen; möglichst Reste des Gefressenen mitnehmen bzw. eine Aufstellung dessen, was in Reichweite des Tieres war. Plötzliche Todesfälle, insbesondere bei Jungtieren, könnten auf zu viel Kupfer im Leitungswasser zurückzuführen sein (👁 S. 48).

Verstopfung

Man prüft, ob die Perinealtaschen neben dem After womöglich verstopft sind, drückt sie vorsichtig aus und reinigt sie mit Babyöl. Vorübergehend Trockenfutter stark reduzieren, stattdessen Saftfutter wie geschälte Gurke, Melone, Sauerampfer, Löwenzahn, Wegerich, Echinacaea-Blüten geben. Vorsicht mit dem oft empfohlenen Paraffinöl, es kann zu Verdauungsproblemen führen. Nach zwei Tagen zum Tierarzt gehen, wenn keine Besserung eingetreten ist.

Wunden

Leichte Verletzungen und Bisse kann man mit blutstillender Watte, einem Desinfektionsmittel für Kleintiere oder Echinacin-Salbe behandeln. Bei größeren Wunden zum Tierarzt.

Wunden im Maul

Sie muss der Tierarzt versorgen. Bei Zahnfleischentzündung kann Silicea helfen.

Zahnprobleme

👁 S. 51. Hier muss der Tierarzt helfen.

Zitzenentzündung

Die Zitzen sind gerötet, geschwollen, heiß und schmerzen. Der Tierarzt wird eine Salbe verschreiben.

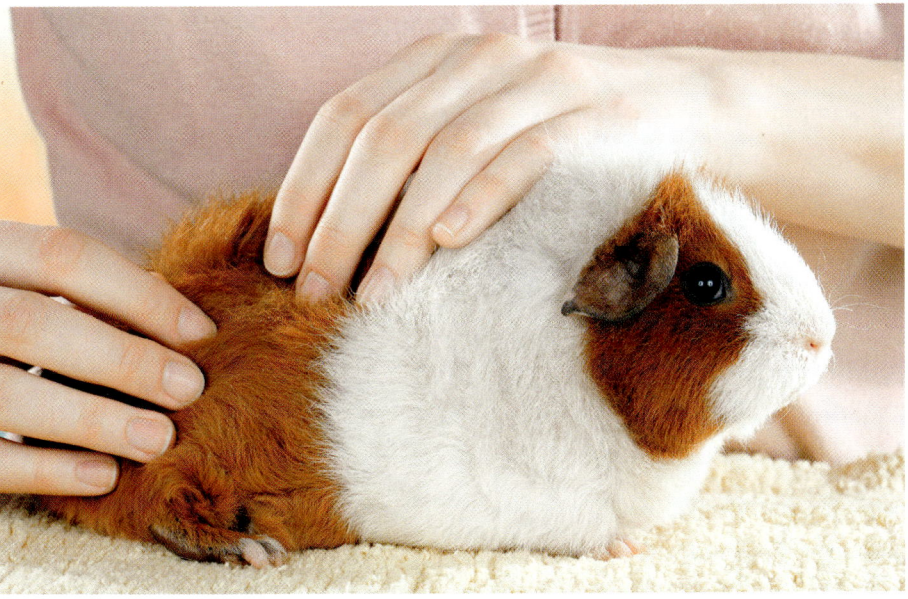

Die Haut wird hin und wieder auf Parasiten, Wunden oder Entzündungen inspiziert.

Sanfte Heilkraft aus der Natur

Viele Menschen setzen auf die sanfte Heilkraft der Natur und möchten Kräuterkunde, Homöopathie und Bach-Blüten nun auch bei ihren Tieren anwenden.

Gesund mit Naturheilverfahren

In einer Zeit, in der wir als Verbraucher ständig mit schädlichen Nebenwirkungen von Medikamenten konfrontiert werden, ist es verständlich, dass wir uns, auch bei der Therapie unserer Tiere, umzuorientieren versuchen und nach Behandlungsmöglichkeiten suchen, die den Organismus des Tieres nicht belasten, leicht anzuwenden und vor allem frei von schädlichen Nebenwirkungen sind. Naturheilverfahren wie Homöopathie und Bach-Blütentherapie bieten hier eine sinnvolle Ergänzung zur klassischen Schulmedizin und können diese bereichern. Allerdings muss man sich im Klaren darüber sein, dass sie die Schulmedizin nicht ersetzen können.

Naturmedizin berücksichtigt im Gegensatz zur Schulmedizin den seelischen Aspekt einer jeden Krankheit, denn wie schon die alten Römer sagten: „In jedem gesunden Körper wohnt ein gesunder Geist." (Mens sana in corpore sano.)

Im Folgenden soll ein kurzer Abriss über Homöopathie und Bach-Blütentherapie beim Meerschweinchen gegeben werden. Diese Einführung kann natürlich fundier-

tes Fachwissen und weiterführende Literatur nicht ersetzen, ebensowenig den Besuch beim Tierarzt.

Homöopathie

Die Homöopathie ist eine aktive Medizin, die die Heilkräfte des Organismus stärkt. Sie bewirkt, dass der Organismus mithilfe von Naturheilstoffen Krankheiten selbst überwinden kann. Sie ist deshalb so schwer fassbar, weil sie nicht durch hohe Dosen eines bestimmten Stoffes wirkt, sondern durch Verdünnungen den Körper anregt und unterstützt, sich selbst zu heilen.

Begründet wurde die Homöopathie von Samuel Hahnemann im 19. Jahrhundert und hat sich in ihren Grundsätzen seither nicht verändert. Hahnemann stellte den Grundsatz auf, dass Gleiches mit Gleichem behandelt werden sollte. So ist z. B. bekannt, dass Schwefel zu Hautentzündungen führt, in homöopathischen Dosen kann er jedoch Hautausschlag heilen. So gibt es für jedes homöopathische Mittel ein bestimmtes Arzneimittelbild, das der Therapeut mit dem Krankheitsbild des Patienten vergleicht, um das richtige homöopathische Mittel zu finden.

⬆
Frisches Grünzeug ist gesund und trägt seinen Teil zur Gesundheit der Meerschweinchen bei.

⬅
Naturheilverfahren und Homöopathie können die Maßnahmen des Tierarztes sanft unterstützen.

⊙ *Noch vorsichtig und scheu wagen sich die beiden aus der Deckung.*

Homöopathische Arzneimittel werden aus tierischen Bestandteilen, Pflanzen und Mineralien gewonnen. Die Ausgangssubstanz, die sogenannte Urtinktur, wird dann nach einem festgelegten Verfahren, der so genannten Potenzierung, verdünnt und geschüttelt, z. B. in Zehnerschritten. Eine Dezimalpotenz D1 enthält die Urtinktur im Verhältnis 1 : 10, eine D2 im Verhältnis 1 : 100 usw.

In der Tiermedizin werden hauptsächlich folgende Potenzen angewendet: D (1 : 10), C (1 : 100), LM (1 : 50000). Vor allem C- und LM-Potenzen finden bei kleinen Heimtieren wie Meerschweinchen Anwendung. Es fällt schwer, sich vorzustellen, dass ein Stoff, der 50.000fach verdünnt wurde, in einem Medikament überhaupt noch wirk-

⊙ *Schon ein lautes Geräusch kann nervöse Tiere zum Rückzug veranlassen.*

Kleine homöopathische Hausapotheke

⮞ **Arnika**
Desinfizierend, adstringierend, entzündungshemmend: Bei Prellungen, Blutergüssen, Verstauchungen, Muskelschmerzen; Arnika LM 12

⮞ **Belladonna**
Entzündungshemmend, fiebersenkend: Bei Fieber und Entzündungen; Bronchitis und grippalen Infekten; Belladonna LM 6

⮞ **Calcium carbonicum**
Konstitutionsmittel für nervöse Tiere: Bei mangelndem Appetit, Rachitis, Wachstumsstörungen; Calcium carbonicum hannemani C 30

⮞ **Hepar sulfuris**
Entzündungshemmend, eiterhemmend: Bei allen eitrigen Entzündungen, grippalen Infekten, Entzündungen der Lymphknoten; Hepar sulfuris C 30

⮞ **Ipecacuanha**
Entzündungshemmend, krampflösend, schmerzstillend: Bei krampfartigen Schmerzen, bei Magen-Darm-Entzündungen, Bronchitis, Kreislaufschwäche; Ipecacuanha LM 12

⮞ **Nux vomica**
Wirkt gegen Blähungen, Brechreiz, Leberentzündungen, Verstopfungen, Magen-Darm-Entzündungen; Nux vomica C 3

Dosierung
3 x täglich 1 bis 4 Tropfen oder
3 x täglich 2 Globuli oder
3 x täglich 1/2 Tablette

sam sein kann, weil von der Ursubstanz in dieser hohen Verdünnung nichts mehr chemisch nachzuweisen ist. Das Heilprinzip der Homöopathie beruht aber auf der Vorstellung, dass die immateriellen, wellenförmigen Strahlungskräfte der Ursubstanz in diesen hohen Verdünnungen wirksam sind.

Erfahrene Therapeuten
Die Homöopathie ist eine tierärztliche Kunst, die viel Erfahrung und fundierte Kenntnisse der Arzneimittelbilder erfordert. Sie bleibt in der Regel nur erfahrenen Therapeuten vorbehalten, Adressen von Tierärzten, die sich mit Homöopathie und Naturheilkunde auskennen, erfahren Sie von der Tierärztekammer des jeweiligen Bundeslandes oder vom Zentralverband der Ärzte für Naturheilverfahren oder im Internet.

⬆ *Homöopathische Mittel werden über einen längeren Zeitraum gegeben.*

Bach-Blütentherapie

Die Bach-Blütentherapie wurde von dem englischen Arzt Dr. Edward Bach (1886–1936) begründet. Im Grunde griff Bach uralte keltische Traditionen auf, Krankheiten mit Blütenessenzen zu behandeln. Das Wissen um die Heilkraft von Pflanzen ist in den Naturvölkern seit Jahrhunderten Tradition und wird meist mündlich überliefert. Im Wissen um den Zusammenhang zwischen seelischer Verfassung und Entstehung von Krankheiten, in der Schulmedizin als psychosomatische Medizin anerkannt, gestaltete Bach sein Therapiekonzept mit Blüten und Pflanzen.

1935 vollendete er sein Blütensystem, das aus den wässrigen Auszügen von 37 Blüten, Kräutern und Sträuchern sowie aus dem Wasser einer heilkräftigen Quelle besteht. Diese Pflanzenessenzen werden alphabetisch geordnet und von 1 bis 38 durchnummeriert. Nr. 39, Rescue Remedy – die Notfalltropfen –, sind eine Ausnahme, denn sie bestehen aus einer Mischung von 5 Blüten.

Die Pflanzen werden bei sonnigem Wetter gepflückt und in eine Schale mit Wasser verbracht, um, potenziert durch die Sonnenenergie, ihr Seelenpotenzial auf das Wasser zu übertragen. Bäume und Sträucher, die während der kalten Jahreszeit blühen, werden auf einem Holzfeuer gekocht und ihre wässrige Essenz wie bei der „Sonnenmethode" in Alkohol konserviert und in Vorratsfläschchen abgefüllt.

Aus diesen Vorratsfläschchen (stock bottles), die in der Apotheke erhältlich sind,

74

stellt man sich die jeweils benötigten Lösungen selbst her, denn die stock bottles sind Konzentrate und müssen verdünnt werden. Auf 10 ml eines Alkohol-Wasser-Gemisches (3 Teile Wasser, 1 Teil Alkohol)

kommen 2 Tropfen der jeweiligen Blütenessenz. Am besten mischt man sie in einer Tropfflasche. Ein Meerschweinchen erhält 4-mal täglich 1 bis 2 Tropfen der Verdünnungsessenz.

Die Notfalltropfen enthalten fünf Bachblüten:
1. Cherry Plum
2. Clematis
3. Impatiens
4. Rock Rose
5. Star of Bethlehem

➜
Zwei bis drei Tropfen werden im Nacken auf das Fell geträufelt...

➜
...und behutsam einmassiert. Das Tierchen lässt es sich gerne gefallen.

Rescue – die Notfalltropfen – enthalten Cherry Plum (gegen starke innere Spannungen), Clematis (gegen die Tendenz zur Bewusstlosigkeit), Impatiens (gegen Stress), Rock Rose (gegen Panikgefühle) und Star of Bethlehem (gegen den seelischen Schock). Sie wirken unterstützend in allen akuten Notfallsituationen, z.B. bei Unfällen, Verletzungen, Schock, Transport zum Tierarzt, Trennungen, Kreislaufschwäche o. Ä.

Die Rescue-Tropfen werden verdünnt, jeweils 1 Tropfen auf 1 ml stilles Wasser. Vorsichtig reibt man 2 bis 3 Tropfen der verdünnten Substanz auf die Haut am Kopf oder im Nacken.

38 Bach-Blüten mit wichtigen Schlüsselsymptomen für Meerschweinchen

1.	**Agrimony**	konfliktscheue Tiere, die sich leicht unterordnen
2.	**Aspen**	ängstliches Naturell
3.	**Beech**	Ablehnung von Artgenossen und Menschen
4.	**Centaury**	liebe, gutmütige, willensschwache Tiere
5.	**Cerato**	unsichere Tiere ohne Selbstvertrauen
6.	**Cherry Plum**	unterdrückte Ängste, unkontrollierte Reaktionen
7.	**Chestnut Bud**	Tiere sind wenig lernfähig
8.	**Chicory**	aufdringliche, eifersüchtige Tiere
9.	**Clematis**	teilnahmslose, abwesend wirkende Tiere
10.	**Crab Apple**	Tiere fühlen sich nicht wohl in ihrer Haut
11.	**Elm**	Überforderung, Erschöpfungszustände
12.	**Gentian**	unsichere, misstrauische Tiere
13.	**Gorse**	kraftlose, müde Tiere, die sich aufgegeben haben
14.	**Heather**	übertrieben aufdringliche Tiere
15.	**Holly**	Tiere reagieren unkontrolliert und aggressiv
16.	**Honeysuckle**	Tiere, die in neuen Situationen nicht zurechtkommen
17.	**Hornbeam**	antriebsschwache, müde Tiere
18.	**Impatiens**	ungeduldige, leicht gereizte Tiere
19.	**Larch**	extrem unsichere, unterwürfige Tiere
20.	**Mimulus**	Tiere reagieren auf konkrete Situationen mit Angst
21.	**Mustard**	Niedergeschlagenheit ohne erkennbaren Grund
22.	**Oak**	erschöpfte Tiere, die sich ständig selbst fordern
23.	**Olive**	totale Erschöpfungszustände
24.	**Pine**	übertrieben unterwürfige, schuldbewusste Tiere
25.	**Red Chestnut**	fürsorgliche Tiere, die alle bemuttern wollen
26.	**Rock Rose**	bei allen unspezifischen Paniksituationen
27.	**Rock Water**	starres, inflexibles Verhalten
28.	**Scleranthus**	gleicht Stimmungsschwankungen aus
29.	**Star of Bethlehem**	tröstet Tiere mit schlechten Erfahrungen
30.	**Sweet Chestnut**	Tiere, die sich nach langem Leiden aufgeben
31.	**Vervain**	hyperaktive, willensstarke Tiere
32.	**Vine**	tyrannische, willensstarke, dominante Tiere
33.	**Walnut**	hilft Veränderungen besser zu verarbeiten
34.	**Water Violet**	Einzelgänger, die überlegen erscheinen
35.	**White Chestnut**	unkonzentrierte, angespannte Tiere
36.	**Wild Oat**	launische, unzufriedene Tiere
37.	**Wild Rose**	apathische Tiere
38.	**Willow**	missmutige Tiere, die leicht beleidigt sind
39.	**Rescue Remedy**	Notfalltropfen bestehen aus Nr. 6, 9, 18, 26, 29: in allen Notfallsituationen, z. B. Unfälle, Schock, Verletzungen, Trennung etc.

Wohlbefinden durch TTOUCH

Die Amerikanerin Linda Tellington-Jones hat einen eigenen, verblüffenden und erfolgreichen Weg im Umgang mit Tieren begründet: Der Tellington-Touch ist ein System aus kreisenden Berührungen auf der Haut, die mit verschiedenen sanften Griffen in unterschiedlicher Intensität ausgeführt werden. Dazu kommen streichende Berührungen, insbesondere an den Ohren, die sogenannte Ohrenarbeit, und Sprechen mit beruhigender Stimme, wodurch unsere Atmung ruhig und gleichmäßig wird und wir eine tiefere Verbindung zu unserem Meerschweinchen aufbauen können.

Der TTouch aktiviert neue Nervenbahnen und Gehirnzellen. Alle Tiere profitieren davon in vielfältiger Weise: Ängste und Verspannungen werden abgebaut, es findet

eine Umkonditionierung statt, eingefahrene Verhaltensmuster werden aufgebrochen, körperliche Beschwerden gelindert und körpereigene Kräfte aktiviert. Der TTouch hilft dabei ganz wunderbar. Er vertieft außerdem die körperliche und seelische Beziehung zwischen Mensch und Tier auf ganzheitliche Weise.

Auch bei Meerschweinchen kann der TTouch erfolgreich angewendet werden: zur allgemeinen Steigerung des Wohlbefindens, zur Intensivierung der Beziehung, unterstützend bei Unpässlichkeiten oder emotionalen Belastungen und begleitend zu einer medizinischen Therapie.

Meine Erfahrungen haben gezeigt, dass die Meerschweinchen den TTouch genießen und ihn mit einem besonderen Quiekton geradezu einfordern.

Und so wird's gemacht Mit den Fingerspitzen werden behutsam kleine kreisende Bewegungen überall auf dem Körper des

Wann sind TTouches sinnvoll?

- ❥ Unterstützend beim Eingewöhnen und Zähmen eines Meerschweinchens.
- ❥ Vor dem Zusammenbringen mit anderen Tieren.
- ❥ Zur Beruhigung vor Tierarztbesuchen.
- ❥ Während der Behandlung beim Tierarzt.
- ❥ Um das Aufwachen aus der Narkose zu erleichtern.
- ❥ Nach Erkrankungen, Verletzungen und anderen traumatischen Erlebnissen (Stürzen usw.).
- ❥ Zur Beruhigung vor Ausstellungen.
- ❥ Nach Hitzschlag, Schock und Schreck.
- ❥ Zur Linderung von Angstzuständen.

◀
Die kreisenden Berührungen des TTouches bewirken mehr als eine Massage – sie aktivieren Nervenbahnen und Gehirnzellen.

Meerschweinchens gemacht. Dabei wird die Haut in einem winzigen Eineinviertelkreis im Uhrzeigersinn herumgeschoben, jeder Kreis von 6.00 bis 9.00 auf einer imaginären Uhr. Die Kreise verteilt man über den Körper, die Ohren und die Beine des Meerschweinchens, an jeder Stelle jeweils nur ein Kreis. Zuvor wird das Tierchen sanft von vorn nach hinten abgestrichen. Bei scheuen Tieren empfiehlt es sich, die TTouches zunächst mit zwei möglichst großen Federn – mit so viel Druck, dass es dem Lecken der Zunge des Meerschweinchens gleichkommt – zu beginnen, bis sich ein inniges Vertrauensverhältnis aufgebaut hat und die TTouches durch die Hand als angenehm empfunden werden.

Besonders in den im Kasten aufgeführten Situationen wurde der TTouch und insbesondere die Ohrenarbeit schon erfolgreich bei Meerschweinchen angewendet. Ausführliche Informationen über die Anwendung und Wirkung des TTouches sind in dem Buch „Der neue Weg im Umgang mit Tieren" von Linda Tellington-Jones enthalten. Sie und viele Personen, die nach Ihrer Methode arbeiten, vermitteln den TTouch (für Pferde, Hunde, Katzen) auch in Deutschland in Vorträgen und Seminaren (👁 Seite 125).

Die schönsten Lieblingsspiele
Spiel und Spaß

Immer in Bewegung

Wildmeerschweinchen sind den ganzen Tag auf Futtersuche. Diesen Bewegungsdrang haben auch unsere Meeries. Hier finden Sie viele Ideen, wie Sie Ihre Tiere abwechslungsreich beschäftigen können. Auf die Plätze, fertig, los!

Spielplätze und Freilauf

Der Abenteuerspielplatz

Wenn ein Meerschweinchen unterbeschäftigt ist und sich nicht ausleben kann, wird es stumpfsinnig. Eine abwechslungsreiche Umgebung und vielfältige Beschäftigungsreize machen die Tiere schlauer, lebhafter, gesünder und anhänglicher und verlängern außerdem das Leben.

Selbst wenn nur wenig Platz zur Verfügung steht, lässt sich doch mit einfachsten Mitteln und ohne großen finanziellen Aufwand ein Abenteuerspielplatz für Meerschweinchen gestalten.

Als Vorbild dient die Natur: In den Laufbereich kommt eine möglichst große Schale, die mit trockenem Vogelsand zum Wälzen oder Buddeln 5 bis 10 cm hoch gefüllt wird. Breite Wurzeln, unbehandelte Holzstücke, Korkeichen- und Tonröhren, Steine oder Ziegel sowie eine Unterkunft mit Schlupflöchern, Flachdach und Rampe vervollständigen den Tummelplatz. Alles dient als

Durchschlupf, Ausguck oder leicht überwindbares Hindernis: Hier fühlt sich jedes Tier „sauwohl". Noch mehr Ideen finden Sie ⊚ auf S. 84.

Freilauf

Frei laufen, hopsen und dabei etwas erleben, das macht fit und froh. Wenn sich die Meerschweinchen gut eingewöhnt haben, sich streicheln lassen und Futter aus der Hand nehmen, also nicht mehr handscheu sind, dann sollte man ihnen auch zusätzlichen Auslauf bieten. Denn die neugierigen Schweinchen müssen ihren angeborenen Bewegungsdrang regelmäßig ausleben können. Ohne Bewegung und Umgebungsreize verkümmern sie und werden fett, träge und krankheitsanfällig. Wohldosierter Freilauf drinnen und draußen, mit Anregungen wie Hindernislauf, Leckerbissen suchen, einen Ausguck benutzen oder durch Höhlungen kriechen, macht Spaß und hält gesund (⊚ Spielideen S. 88).

🔻 *Immer dabei – Meerschweinchen fühlen sich in Gesellschaft am wohlsten.*

Beaufsichtigen Sie die Meerschweinchen unbedingt während des Freilaufs. Haben sie genug davon, werden sie über eine Rampe zurück in ihr Heim laufen, das dafür in Reichweite auf dem Boden stehen sollte.

Ist die Wohnung zu klein, eignet sich ein aufklappbares Außengehege, das im Zoofachhandel unter dem Namen „Sommergarten" bekannt ist, und zwar für drinnen und draußen gleichermaßen, um die Übersicht zu behalten.

Gefahren beim Freilauf

➲ Steinfußböden und Fliesen sind meistens zu kalt und rutschig. Auch Parkett oder Kunststoffboden (Laminat) ist rutschig. Das kann zu Zerrungen und Verrenkungen führen. In den Schlingen von Hochfloorteppichen bleiben die Krallen hängen. Zudem werden Teppiche gern angeknabbert, bei Kunststoff-

materialien ist das gefährlich. Daher wird der Boden mit Kokos- oder Reisstrohmatten abgedeckt. Sie können nach dem Freilauf wieder eingerollt werden.

➲ Alle Elektrokabel werden abgedeckt oder so hoch verlegt, dass sie auch beim Männchen machen nicht erreicht werden.

➲ Achten Sie darauf, dass die Meerschweinchen nicht an Tapeten, Farben, Lacken oder Pressspanplatten knabbern.

➲ Verhindern Sie das Trinken aus Blumenvasen und Putzgefäßen. Haushaltsreiniger und Desinfektionsmittel sind besonders gefährlich.

➲ Meerschweinchen werden von dunklen Höhlungen geradezu magisch angezogen. Schließen Sie deshalb Schränke und Schubladen.

➲ Offene Türen (vor allem nach draußen) stellen immer eine Gefahr dar (Ausbüxen, Einklemmen).

⬇ *Schnell lernen die pfiffigen Tierchen, durch einen vorgehaltenen Reifen zu steigen.*

⬇ *Als Lockmittel und Belohnung dient eine Möhre oder ein anderer Leckerbissen.*

➡ Achten Sie darauf, dass Sie nicht auf Ihre herumwuselnden Meerschweinchen treten.

➡ Stellen Sie Kerzen hoch. Die Tiere vertragen kein Wachs. Vorsicht auch vor heißen Stehlampenfüßen.

➡ Räumen Sie Kinderspielzeug weg. Es kann sehr unbekömmlich sein, wenn es verschluckt wird.

➡ Halten Sie Hund und Katze fern, wenn Ihre Meerschweinchen Auslauf in der Wohnung haben.

Giftige Zimmerpflanzen und Schnittblumen

➡ Agave	➡ Christusdorn	➡ Geranie	➡ Oleander
➡ Agapanthus	➡ Chrysantheme	➡ Gummibaum	➡ Osterglocke
➡ Aloe	➡ Clivie	➡ Hortensie	➡ Passionsblume
➡ Alpenveilchen	➡ Dieffenbachie	➡ Hyazinthe	➡ Philodendron
➡ Amaryllis	➡ Efeu	➡ Ilex	➡ Primel
➡ Azalee	➡ Efeutute	➡ Kalla	➡ Schnee-
➡ Begonie	➡ Engelstrompete	➡ Kakteen	glöckchen
➡ Birkenfeige	➡ Einblatt	➡ Maiglöckchen	➡ Stechapfel
➡ Bogenhanf	➡ Eisenkraut	➡ Mistel	➡ Wandelröschen
(Sanseveria)	➡ Farne	➡ Myrte	➡ Weihnachts-
➡ Christrose	➡ Fensterblatt	➡ Narzisse	stern

Meerschweinchenabenteuer
Ein Spielplatz für meine Meeries

Immer zusammen – auch den Freilauf genießen Meerschweinchen gerne miteinander und gehen gemeinsam auf Entdeckungstour.

Häuschen und Unterstände bieten gemütliche Rückzugsmöglichkeiten für die Meerschweinchen. Im Gänsemarsch erkunden sie ihren neuen Spielplatz.

Der Einstieg ins vertraute Nagerheim wird über eine Rampe erleichtert, so dass die Kleinen jederzeit an
Futter und Wasser gelangen, die hier
für sie bereitstehen.

Eine Zimmerecke nur für Meerschweinchen! Hier kann man sie auch ohne Aufsicht toben lassen. Und schnell ist der
Spielplatz immer wieder umgestaltet, so
dass die Tiere Neues erkunden können.

Auch beim Spielen ist ein Leckerbissen
immer willkommen. Schüchterne
Meerschweinchen kann man damit
über eine Brücke oder Rampe locken.

Ungeeignetes Grünfutter

Naturgemäß stürzen sich Meerschweinchen – neugierig und verfressen, wie sie nun einmal sind – auf jedes erreichbare Grün. Besonders, wenn es nicht alltäglich ist. In der Wohnung sind dies Topfpflanzen, Gestecke und Blumensträuße. Leider gibt es darunter einige giftige Pflanzen, die zwar nicht alle tödlich wirken, aber zu Unpässlichkeiten führen können. Besonders gefährlich können die in der Tabelle (👁 S. 83) aufgeführten Pflanzen sein.

Am besten räumen Sie alles Grünzeug außer Reichweite, wenn die Meerschweinchen Freilauf in der Wohnung haben.

Das Nagerklo

Damit Urin und Böhnchen nicht zum Ärgernis werden, wird die Auslauffläche abgedeckt. Man lässt die Tiere erst ins Zimmer, wenn sie sich nach einer ausgiebigen Mahlzeit und Trinken etwas ausgeruht und dann im Heim gelöst haben. Oder man nutzt den natürlichen Sinn für Sauberkeit in der Höhle, indem man eine möglichst flache Schale mit etwas „gebrauchter" Einstreu (auch mit Böhnchen) in eine dämmrige Ecke stellt. Auch ein Toilettenhäuschen wird gern angenommen. Man beobachtet, wo sich der Kleine löst, und stellt die Schale dorthin. Wenn man es öfter hineinsetzt, lernt es, diesen Ort zu benutzen.

➡ *Mit leckerem Grünzeug kann man Meerschweinchen zu allerlei Fitness-Übungen motivieren. Am Schluss gibt's die verdiente Belohnung.*

Was Meeries alles können

Den größten Spaß kannst du haben, wenn du deine Schweinchen beobachtest und ihr Tun erforschst. Es ist z.B. spannend, wie sie sich untereinander oder mit dir unterhalten. Schreib doch alles auf.
Lege die Hand auf den Boden und halte den Arm so, dass dein Schweinchen mühelos auf den Schoß laufen kann. Auch einige Versuche macht es gern mit, z.B. lernt es schnell, Leckerbissen aus einem farbigen Napf oder von einem farbigen Klötzchen zu holen. Nimm sonst gleiche Näpfe oder Klötzchen in Rot, Grün, Blau und Gelb. Wenn du das Futter immer in den

Das Futter kommt immer in den roten Napf.

Hier findet es das Tierchen dann sofort...

...auch wenn die Näpfe anders stehen!

roten Napf legst, wird dein Schweinchen immer auf den roten zulaufen – egal an welcher Stelle er steht.
Hast du mehrere Tiere, kannst du Fressbares sichtbar vor sie legen (ca. 80 cm entfernt), sie für einen Moment festhalten und dann sehen, welches das Schnellste ist, oder dabei sogar die Zeit stoppen und die Geschwindigkeit ausrechnen. Hat ein Meerschweinchen Hunger, ist es auch bereit, das Futter hinter einem gefahrlos übersteigbaren Gegenstand zu suchen, wenn du es riech- und sichtbar dort ablegst. Oder man versteckt Leckerbissen im Heim an täglich wechselnden Plätzen. Ungiftige Beeren oder Getreideähren können von oben herabbaumeln oder eine Nuss in einer halbierten Schale auf dem Schlafhaus liegen. Weitere Spielideen findest du auf Seite 88.

Hier geht die Post ab!
11 Spielideen für neugierige Meerschweinchen

1 Signallernen
Verbinden Sie die Gabe von Leckerbissen immer mit dem gleichen Geräusch, z. B. einem Glöckchen. Schon bald wird das Meerschweinchen allein auf das Klingeln des Glöckchens hin erwartungsvoll angelaufen kommen. Das kann auch sehr hilfreich sein, wenn das Meerschweinchen einmal ausgerissen sein sollte!

2 Feinschmecker
Bieten Sie gleich große Stücke von grünem, gelbem und rotem Paprika an. Kann das Meerschweinchen die Farben unterscheiden? Was frisst es zuerst? Ändern sich die Vorlieben des Meerschweinchens von Tag zu Tag?

3 Schatzsucher
Verstecken Sie Futterstückchen in einem löchrigen Stein oder Hohlziegel. So kann Ihr Meerschweinchen auf Entdeckungsreise gehen.

4 Gipfelstürmer
Geben Sie ein Häuschen mit flachem Dach ins geräumige Meerschweinchenheim. Dieser Ausguck wird von den Tieren gern genutzt.

5 Holzfäller
Geben Sie Ihren Meerschweinchen Zweige von ungespritzten Obstbäumen. Sie werden mit Wonne kurz und klein genagt und bieten gesunde Beschäftigung.

7

Klettermaxe

Befestigen Sie begehrte Leckerbissen oder Nager-hölzer so, dass Ihr Liebling sich recken und strecken muss, um sie zu erreichen. Das fördert die Gelenkigkeit und Behendigkeit.

6

Plauderstündchen

Gönnen Sie Ihrem Meerschweinchen einen Partner. Die Tiere sind am liebsten unter ihresgleichen. Sie kuscheln zusammen, pflegen sich gegenseitig das Fell und unterhalten sich mit gurrenden, glucksenden und zirpenden Tönen.

9

Fitness-Parcours

Machen Sie den Auslauf im Zimmer für Ihr Meerschweinchen zu einem Hindernislauf: mit stabil gelagerten großen Papprollen, Ton- oder Korkeichenröhren zum Durchkriechen, stabilen Rampen zum Klettern, Stuhlbeinen zum Slalomlaufen, Häuschen mit zwei Öffnungen zum Durchschlüpfen. Und locken Sie Ihr Meerschweinchen darüber.

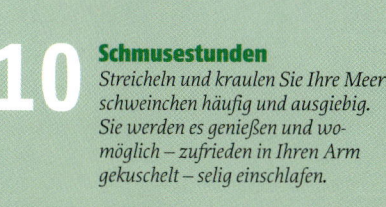

8

Rätselraten

Stellen Sie mehrere gleiche Häuschen auf, in die Sie jeweils ein Stück Möhre legen. Setzen Sie das Meerschweinchen in die Mitte und wetten Sie in der Familie, welches Häuschen das Meerschweinchen wählt.

11

Wühlkiste

Ein Kistchen, gut gefüllt mit duftigem Heu, ist eine herrliche Wühlkiste. Verstecken Sie ein paar Leckereien darin, und der Wühlspaß kann beginnen.

10

Schmusestunden

Streicheln und kraulen Sie Ihre Meerschweinchen häufig und ausgiebig. Sie werden es genießen und womöglich – zufrieden in Ihren Arm gekuschelt – selig einschlafen.

Unmittelbar nach vollbrachter Tat kann man es mit einem Leckerbissen belohnen. Manche Tiere begreifen dann sehr schnell, besonders Jungtiere. Auch Weibchen ohne Männchen sind eher bereit, eine Schale zu benutzen. Schimpfen nützt übrigens nichts, man verschreckt die Tiere nur unnötig. Anzeichen für „dringende Geschäfte" sind: Der Kleine wird auf dem Arm unruhig oder verharrt auffällig an einer Stelle oder dreht sich. Setzen Sie ihn dann schnell in seine Toilette.

Man kann beim Freilauf auch Nischen und dunkle Verstecke verschließen oder mit Küchenpapier auslegen (nicht mit Zeitung, schädlich!). Verlorene Böhnchen sind relativ trocken und lassen sich ebenso wie eine kleine Pfütze problemlos entfernen. Die benutzte Stelle wird dann mit warmem Wasser und Zitronensaft gereinigt. Verwenden Sie nie ammoniakhaltige Mittel, dies würde nur noch mehr stimulieren!

Fröhliches Balkonleben

Für einen stundenweisen Aufenthalt unter Aufsicht ist ein gesicherter Balkon geeignet. Einige Vorkehrungen sollten jedoch getroffen werden, bevor die Meerschweinchen dort Auslauf genießen. Balkone sind oft zugig und heiß. Andererseits kann es auch schnell kühl und feucht werden (Wind und Schlagregen). Beton, Fliesen usw. strahlen zu viel Kälte ab und müssen deshalb gut isoliert und abgedeckt werden. Viele Balkone sind unter der Brüstung offen. Diese Schlitze muss man lückenlos verschließen (Zugluft und Sturzgefahr). Gitterstäbe und andere Lücken kann man von oben bis unten mit engem Maschendraht versehen. Um Katzen und andere Beutegreifer fernzuhalten, kann man ein Netz oder Gatter benutzen.

Ein Garten auf der Fensterbank

Frisches und gesundes Grünfutter für Meerschweinchen kann man leicht selbst ziehen – auch ohne Garten:

➲ Man besorgt eine Saatgutmischung von unterschiedlich schnell keimenden Pflanzen, z. B. Grassamen, Klee, Luzerne oder Futteresparsette, Sauerampfer, Löwenzahn, Rucola, Kresse und auch verschiedenes Getreide, das mit Anzuchterde in Ton- und Keramikgefäßen (atmungsaktiv und chemisch einwandfrei) ganzjährig ausgesät werden kann.

➲ Man legt das Saatgut zunächst über Nacht in warmes Wasser und sät dann

↑ *Kräuter können aus Samen herangezogen werden und keimen auch auf der Fensterbank.*

Petersilie ist bei Meerschweinchen beliebt. Sie enthält viel gesundes Vitamin C, das die Tiere nicht selbst bilden können.

gleichmäßig und nicht zu dicht aus (ca. 2 bis 3 Samen pro Quadratzentimeter Erdoberfläche).

➤ Anschließend wird es ca. 1 cm hoch mit Erde bedeckt und gut mit lauwarmem Wasser angegossen. Schon nach 3 bis 4 Wochen kann man das sprießende Grün ernten, wenn die Saat hell und warm steht und immer gut angefeuchtet wird. Bitte auf Dünger verzichten!

➤ Alle 2 bis 3 Wochen nachsäen, damit immer frisches Grün für die Meerschweinchen-Rasselbande zur Verfügung steht.

Fit statt dick
Die schönsten Futterspiele für meine Meerschweinchen

Tellermann
Dekorieren Sie doch einmal einen bunten Teller mit verschiedenen Zutaten für Ihre Meeries und testen Sie, was Ihre Schweinchen als erstes probieren.

Bananensplit
So eine leckere Überraschung im Heu – da kann kein Schweinchen widerstehen: Ein Salatblatt, darauf eine leckere Banane, gefüllt mit Weintrauben und Tomaten. Und was kostet das Schweinchen zuerst? Beobachten Sie Ihre Schweinchen gut, jedes hat andere Vorlieben.

Spaß am Spieß

Aufgespießt – das geht auch waagrecht. Falls Sie ältere Tiere haben, die nicht mehr so beweglich sind, hängen Sie den Spieß nicht so hoch auf. Für alle anderen gilt: Recken und strecken, das hält fit und gesund.

Paprika-Melonen-Männchen

Es ist angerichtet: Hier ist darf alles gegessen und sogar noch benagt werden. Zwei Ziegelsteine dienen als erhöhte Sitz- und Essplätze. Die beiden Schweinchen arbeiten sich von außen nach innen vor: Zuerst die Apfelringe, dann geht's der Paprika an den Kragen. Und wer auf die saftige Melone getreten ist, leckt sich am Schluss einfach die Pfötchen ab. Lecker!

Knabbern on the Rocks

Zahnpflege ist wichtig! Das gilt auch für Meerschweinchen. Kombinieren Sie die Zahnpflege am besten mit einem leckeren Menü und ein bisschen Futteraerobic.
Auf frisch geschnittene Zweige werden Möhren- und Paprikastücke aufgespießt. Und damit sich die Meeries auch ein bisschen anstrengen, werden sie in einen Ziegelstein gesteckt, das Ganze noch eine Stufe höher, und los geht's.

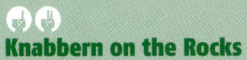

Sommerfrische für Meerschweinchen

Frische Luft, gutes Wetter, Licht, Sonne – ein wahres Lebenselixier, auch für Meerschweinchen.

Das Sommergehege

Die Meerschweinchen tanken beim Freilauf im Sommer Gesundheit für die dunkle Jahreszeit und toben sich aus. Die sprießenden Kräuter und Mineralstoffe aus dem Boden lassen sie geradezu aufblühen.
Die folgenden Punkte sind wichtig für ein ungetrübtes Sommervergnügen im Garten:

⮞ Die Auslauffläche des Sommergeheges muss ungedüngt und frei von Pflanzenschutzmitteln sein. Das Gatter sollte nicht neben einem Ameisenhaufen stehen. Giftpflanzen dürfen nicht erreichbar sein. Vorsicht ist auch geboten, wenn in der Nachbarschaft zur chemischen Keule gegriffen wird, denn der Wind kennt keine Grenzen.

⮞ Der Boden soll absolut trocken sein, mindestens 18 °C haben (nach den Eisheiligen) und möglichst vor Zugluft geschützt sein. Pralle Sonne ist gefährlich (Hitzschlag!). Ideal ist Streulicht: Ein Sonnenschirm oder eine Stellwand sorgen für Schatten; beachten Sie dabei den Sonnenlauf. Ein oder mehrere Unterstände vermitteln den Meerschweinchen Sicherheit und schützen sie ggf. vor Regen.

⮞ Der Auslauf muss fest verankert und raubzeugsicher sein. Denn heimische Raubtiere und Katzen haben die Tierchen „zum Fressen gern". Hunde können sie in Todesangst versetzen, wenn sie plötzlich am Gitter auftauchen. Auch flatternde Wäsche kann Panik verursachen. Wenn Kaninchen dabei sind, denken Sie daran, dass sie sich auch unter dem Gatter durchgraben können und die Meerschweinchen dann folgen.

⮞ Um Infektionen zu verhindern, muss man den Kontakt zu Wildkaninchen und anderen Wildtieren und deren Kot verhindern.

⮞ Beim Selbstbau von Ausläufen ist zu bedenken, dass sich Meerschweinchen durch relativ schmale Gitter und Bodenunebenheiten zwängen und auch etwas graben können. Außerdem können sie 30 bis 40 cm hoch hüpfen, wenn sie ihren „Rappel" ausleben.

⮞ Bevor man die Meerschweinchen in die Sommerfrische schickt, gewöhnt man sie langsam an frisches Gras. In den Auslauf gehört zudem Fertigfutter, frisches Heu (an einen trockenen Platz) und Trinkwasser.

Achtung! Lassen Sie Ihre Schweinchen im Garten niemals außerhalb des Geheges laufen. Wenn die Tiere erschrecken, können sie davonflitzen. Und sie kommen nicht wie ein Hund auf Ruf zurück.

Hilfe, ein Schweinchen fehlt!

Wenn ein Meerschweinchen beim Freilauf in der Wohnung entwischt ist, stellt man das Heim mit Futter auf, geöffnet und quer zu einer Wand. Denn die Tiere laufen möglichst immer in Deckung an einer Wand entlang. Sind sie zu mehreren, stellt man das Heim mit den Partnern ebenfalls an die Wand. Man lockt das Tier mit einem Leckerli oder verwendet ein bekanntes Signal, z. B. klappert man mit der Futterpackung oder klingelt mit dem Glöckchen. Vorbeugend füttert man noch nicht vor dem Freilauf. Erst danach gibt es im Heim einen besonderen Leckerbissen als Belohnung. Dann wird die Rückkehr nicht als unangenehm empfunden. Wenn ein Meerschweinchen beim Freilauf draußen entwischt, verfährt man im Prinzip genauso und stellt das Heim mit einem Leckerbissen auf.

In der Sommerfrische brauchen die Tiere Wasser, etwas Futter und ein schattiges Plätzchen.

Dauerhafte Haltung im Freien

Will man mehrere Tiere ständig im Freien pflegen, müssen einige Bedingungen erfüllt werden.

➲ Je mehr Tiere es sind, desto größer muss der Platz sein. In einer großen Voliere (Zoofachhandel) brauchen sie eine große Unterkunft, die teilweise überdacht, gut isoliert, trocken und zugfrei sowie raubzeugsicher ist und an der man hantieren kann, ohne die Tiere gleich in Panik zu versetzen.

➲ Bei Dunkelheit oder Störungen muss sich die Gruppe in ein frost- und hitzesicheres Haus zurückziehen können.

➲ In einen stets trockenen Teil werden feiner Sand und einige Tonröhren so eingebracht, dass die Tiere buddeln und die Röhren nutzen können.

➲ Einige Steine und Holzstücke als Ausguck vervollständigen die Einrichtung.

➲ In einer Schale wird stets frisches Grün herangezüchtet.

➲ Viel Heu und Stroh, unter dem sich die Tiere auch wärmen können, müssen immer zur Verfügung stehen, ebenso mehrere Futterstellen und Wasserbehälter. Das Wasser darf nie einfrieren.

➲ Nur wenn die Tiere bereits im Frühsommer in das Außengehege gesetzt werden, können sie sich langsam an das Klima gewöhnen und auch im Winter draußen bleiben. Ansonsten müssen sie vor dem ersten Frost ins Haus, obwohl sie kaltes Wetter eher überstehen können als Feuchtigkeit.

➲ Jungtiere und Mütter pflegt man besser drinnen.

Auch im Freien sind sie am liebsten zusammen.

Freundliche Kontaktaufnahme auf Meerschwein-Art

Im Gänsemarsch erkunden sie das neue Gelände.

➲ Auch die tägliche Fürsorge ist wichtig. Draußen gehaltene Tiere werden aber nie so zahm wie solche, die mit uns im Haus leben dürfen und viel mehr Menschenkontakt haben.

➲ Bekommt man bei Frost doch berechtigte Angst um seine draußen lebenden Meerschweinchen, so sollten sie zunächst für 2 bis 4 Tage in einen kühlen Raum gesetzt werden (10 bis 12 °C), um sich langsam wieder an die Zimmertemperatur zu gewöhnen. Danach können sie wieder in der Wohnung untergebracht werden.

So sprechen meine Meeries
Verhalten verstehen

Wie die wilden Meerschweinchen

Wie ihre wilden Verwandten in Südamerika leben auch unsere Meeries gern im Rudel. Wenn wir ihre Bedüfnisse erfüllen, zeigen sie uns ihr spannendes Verhalten. Beobachten Sie Ihre Tiere genau, dann lernen Sie sie noch besser kennen!

Typische Verhaltensweisen

Meerschweinchen sind Fluchttiere

Unsere Hausmeerschweinchen zeigen viele Verhaltensweisen ihrer wilden Ahnen. Wildmeerschweinchen bleibt häufig nur die schnelle Flucht in ein sicheres Versteck, um im Daseinskampf zu überleben. Dazu sind sie bestens ausgestattet: Die kurzen, aber kräftigen Beine bringen sie schnell auf Hochtouren, ihr geschmeidiger Körper lässt sie nötigenfalls schnelle Wendungen machen. Wenn sie große Angst haben, ihr Versteck nicht mehr zu erreichen, können sie, wie ihre wilden Vettern, in eine Art Todesstarre fallen.

Im Gänsemarsch unterwegs

Wie ihre Ahnen laufen auch unsere Meerschweinchen gern in Deckung (hohes Gras, Heu etc.) hintereinander her. Auf diese Weise hält jedes Meerschweinchen Kontakt zum voraus- und hinterherlaufenden Tier. Dadurch bleibt die Gruppe in unübersichtlichem Gelände zusammen und kein Rudelmitglied geht verloren.

Markieren

„Sage mir, wie du riechst – dann sage ich dir, ob ich dich kenne, ob du zu meiner Sippe gehörst und welches Geschlecht du hast." Auch brünftige Weibchen werden über ihren Geruch sofort wahrgenommen. Außerdem wissen die Meerschweinchen ihre Markierungen und die fremder Artgenossen richtig zu deuten. Mittels Duftdrüsen und über ihren Urin setzen sie „Marken" ab und verteilen so artspezifische Duftstoffe (Pheromone) im Revier und bei der Paarung (👁 S. 119). Das Markieren hat eine wichtige soziale Funktion. Je dominanter ein Meerschweinchen ist, umso häufiger markiert es.

➜ *Heu und Stroh laden zum Buddeln und Verstecken ein.*

Auseinandersetzungen

Meerschweinchen sind defensive Tiere. Abgesehen von kleineren Rang- und Revierstreitigkeiten sind sie ausgesprochen friedlich. Sie beißen kaum. Ist es wider Erwarten doch einmal geschehen, so liegt meistens ein Fehler des Menschen vor. Werden die Tiere bedroht, gereizt oder können sie nicht mehr ausweichen, reagieren sie mit lautem Angstgeschrei (Gequieke), deutlichem Unmut und drohen mit Zähnezeigen und Klappern, das noch mit warnendem Grummeln und Zittern einhergeht. Wer diese Signale richtig deutet, der läuft nie Gefahr, von einem Verzweiflungsbiss betroffen zu werden.

Unter Artgenossen jedoch kann es durchaus zu Kommentkämpfen (Scheinkämpfen), aber auch ernsthaften Beißereien kommen, wenn es gilt, nach Eintritt der Geschlechtsreife einen Rivalen aus dem Feld zu schlagen, ein Revier zu verteidigen oder die Rangordnung festzulegen. Dem ernsthaften Biss geht aber immer eine Drohung voraus: Die Tiere stehen sich wie Boxer gegenüber, eine Vorderpfote angehoben, zeigen bei weit geöffnetem Maul die beachtlichen Zähne, mit denen geklappert und hörbar gewetzt wird. Dabei sträuben sie das Fell, knurren im Stakkato, stupsen mit dem Kopf, schubsen und stoßen mit dem Körper, stampfen auf den Boden oder treten mit den Hinterbeinen.

Schlafverhalten

Meerschweinchen haben auch ein interessantes Schlafverhalten. Sie pflegen das sogenannte Rudelliegen, dicht aneinandergekuschelt. Außerdem sind sie Kurzphasenschläfer: Während des Tages machen sie öfter ein kleines, oft nur 3 bis 5 Minuten dauerndes Nickerchen. Im Tiefschlaf liegen sie völlig entspannt auf der Seite und atmen ganz ruhig. Im Traum rucken und zucken Meerschweinchen mit dem Körper und den Pfötchen und fiepen manchmal.

⬆ *Meist geht es unter Meerschweinchen friedlich zu.*

⬆ *Auseinandersetzungen sind selten und meist harmlos.*

So leben Meerschweinchen im Rudel

Meerschweinchen sind keine Einzelgänger, sondern leben in ihrer Heimat in Gruppen oder Rudeln zusammen. Eine solche Sippe ist ein Familienverband aus Mutter und Vater und ihren Jungen. Die Meerschweinchen unternehmen alles gemeinsam: auf Nahrungssuche gehen, fressen, ausruhen und schlafen. Ein Tier aus der Gruppe hält jeweils Wache, um die anderen vor Gefahren zu warnen. Dann verdrücken sich alle blitzschnell in ihrem schützenden Bau. Die Meerschweinchen nutzen natürliche Höhlen oder die verlassenen Erdbauten anderer Tiere. Selbst Höhlen buddeln – wie etwa Kaninchen – können sie nicht. Die erwachsenen Meerschweinchen führen das Rudel an. Wenn die jungen Böckchen geschlechtsreif werden, versuchen sie dem Anführer, dem Alpha-Bock, die Führung des Rudels streitig zu machen. Dann kann es zu Auseinandersetzungen um die Rudelführung kommen.

Witternd und mit Stimmfühlungslauten halten die Meerschweinchen den Kontakt zu ihren Rudelmitgliedern.

Fressen, spielen, ausruhen, kuscheln – alles tun die Meerschweinchen am liebsten gemeinsam.

Nase an Nase begrüßen sich die Meerschweinchen untereinander.

Die Meerschweinchen-Sprache

Quieken, pfeifen, glucksen, grunzen – Meerschweinchen unterhalten sich den ganzen Tag. Hören Sie genau zu, dann verstehen Sie, was die munteren Nager sagen. Sie sprechen auch mit Ihnen!

Meeries sprechen mit dem Menschen

Meerschweinchen sind gesprächige Tiere und setzen in der Kommunikation mit ihren Artgenossen ein großes Spektrum unterschiedlichster Laute ein. Sie verwenden sogar extra Töne, wenn sie mit ihren Menschen „sprechen": Für den Umgang mit dem Pfleger haben sie einen eigenen Laut, das etwas schrille Pfeifquieken, das hauptsächlich als Begrüßungs- und Bettellaut eingesetzt wird. Unter Artgenossen wird er nicht verwendet. Fast jeder Ton ist mit der dazugehörenden Körpersprache verqui(e)ckt. Auch ein Einzeltier kommuni-

Mit leisen Tönen halten die Gruppenmitglieder untereinander Kontakt.

Sie sprechen auch mit uns. Viele Meerschweinchen pfeifen zur Begrüßung.

ziert mit uns mit Signalen, auf die wir auch reagieren sollten. Beim Streicheln lässt es z. B. ein zufriedenes Grunzen hören und brabbelt auch sonst manches vor sich hin.

Und so sprechen sie untereinander

Das gesamte Kommunikationsspektrum der Meerschweinchen erlebt man erst, wenn man mehrere Tiere oder noch besser eine ganze Sippe hält. Unter Artgenossen verständigen Meerschweinchen sich lauthals oder geben nur leise Stimmfühlungslaute von sich. Und so sprechen sie:

➲ Töne wie Quieken, Pfeifen, Glucksen, Gurren, Grunzen, Zwitschern und Zirpen dienen dem Erkennen und dem Gruppenleben. Verbunden ist alles mit individuellen „Zwischentönen", die in ihrer Bedeutung noch wenig erforscht sind.
➲ Zirpen klingt wie Vogelgezwitscher, wird in schneller, rhythmischer Folge ausgestoßen, kann bis 20 Minuten dau-

ern und wird nur in wenigen Situationen gezeigt: in Folge von Rangordnungsdifferenzen, bei der Brunft und bei heftigem Erschrecken. Wahrscheinlich dient es dem Stressabbau.
➲ Trächtige Weibchen scheinen sich sogar mit relativ leisen Stimmfühlungslauten mit ihren ungeborenen Jungen zu verständigen, die mit leisem Knirschen antworten.

Nahrungsfunde werden den anderen Tieren gemeldet.

➜ Bei vermeintlicher Gefahr erklingt ein lauter, schriller Warnpfiff vom Wachhabenden (der übrigens alle 10 bis 15 Minuten abgelöst wird). Dieser Pfiff ist bei den wilden Vettern viel öfter zu hören.

➜ Nahrungsfunde werden sofort mit lautem Quieken gemeldet, und alles rennt zum erhofften Festmahl.

➜ Angst oder Schmerzen drücken die Tiere mit einem lauten, grellen, quietschenden Quieken im Stakkato aus. Es klingt fast wie ein Schrei.

➜ Bei der Werbung und Brunft sind brummende, knarrende und gurrende Töne zu vernehmen. Das Gurren kann außerdem Beschwichtigung, aber auch Unmut ausdrücken.

➜ Rasselndes, knurrendes Gurren, das mit unüberhörbarem Zähneklappern und -wetzen sowie Zittern verbunden ist, bedeutet eine Warnung und zugleich Drohung und geht sowohl Scheingefechten als auch ernsthaften Auseinandersetzungen voraus. Auch dem Menschen gegenüber kann es als letzte Warnung eingesetzt werden, wenn das Tier keinen Ausweg sieht.

➜ Sagt ein Meerschweinchen gar nichts mehr, dann fühlt es sich nicht wohl.

➜ Stimmfühlungslaute spielen auch sonst eine große Rolle: Jungtiere rufen bei Einsamkeit mit einem kläglichen Fiepsen (Suchlaut) nach ihrer Mutter. Sie kommt dann und gluckst beruhigend.

➜ Am frühen Morgen und beim Kontaktliegen, aber auch während des Tages als Begrüßungslaut, ertönt ein gedämpftes Grunzen und Glucksen, das auch auf unserem Arm als Stimmung der Zufriedenheit und des Wohlbefindens gedeutet wird.

Die Körpersprache der Meerschweinchen

- **Wittern** Zwei Tiere identifizieren sich stets am Geruch. Oft wittern sie in Richtung des anderen mit erhobenem Kopf und beschnuppern sich, näher gekommen, vom Kopf bis zum Hinterteil.
- **Aufmerksamkeit** Ein nach vorn gestreckter, hocherhobener Kopf oder gar eine Kegelstellung (aufrecht stehend) bedeuten höchste Aufmerksamkeit und Wachsamkeit. Man ist „ganz Ohr", das dabei voll entfaltet und nach vorn gerichtet getragen wird.
- **Aufrichten** Um etwas Fressbares zu erreichen, versuchen sie auch, sich, auf Hinterbeinen und Po sitzend, aufzurichten.
- **Angst** Je kleiner sich das Tier macht und je mehr es die Ohren anlegt, desto gestresster fühlt es sich. Vor Angst können die Tiere auf der Stelle erstarren, sich ganz klein und steif machen (Totstellreflex).
- **Kommentkampf** Hier stehen sich die Tiere buchstäblich auf Konfrontationskurs gegenüber. Jeder macht sich so groß wie möglich. Sie blähen sich auf, umkreisen sich mit durchgedrückten Beinen (Stelzgang).
- **Werbung** Ähnlich verhalten sie sich bei der Werbung um ein Weibchen (👁 S. 119).
- **Anstupsen** Mit dem Kopf unter unsere Arme stupsen bedeutet, das Tier möchte sich bei uns anschmiegen.

Auch bei der Partnerwerbung geben Meerschweinchen charakteristische Töne von sich.

So erleben Meerschweinchen ihre Welt

Alle Sinnesleistungen der Meerschweinchen sind darauf ausgerichtet, Feinde und mögliche Bedrohungen sofort zu orten, um rechtzeitig die Flucht ergreifen zu können.

Augen mit Rundumblick

Die seitlich am Kopf liegenden Augen vermitteln den Meerschweinchen, ohne den Kopf zur Seite zu drehen, ein großes Sehfeld mit einer bemerkenswerten Rundumsicht. Das hat den Nachteil, dass die Tiere unmittelbar vor ihnen liegende Objekte schlechter erkennen können, wenn sie den Kopf nicht drehen.

Verschiedene Untersuchungen bestätigen, dass sie die Farben Rot, Gelb, Grün und Blau unterscheiden können. Man kann dies leicht selbst mit einfachen Versuchen mit verschiedenfarbigen Näpfen ausprobieren (👁 S. 87).

Auch in der Dämmerung finden sich die Schweinchen noch recht gut zurecht. Grelles Sonnenlicht mögen sie allerdings überhaupt nicht, weil sie es nicht durch ein Verengen der Pupillen abschirmen können. Was sie im Nahbereich nicht so gut erkennen, wird sofort erschnüffelt.

🔼 *Sie haben eine bemerkenswerte Rundumsicht…*   🔼 *…und hören buchstäblich das Gras wachsen.*

*Ein gesundes Meer-
schweinchen ist
aufmerksam und
neugierig.*

Hoch entwickelter Geruchssinn

Der hoch entwickelte Geruchssinn der
Meerschweinchen übertrifft den menschlichen bei Weitem. Diese „Supernasen" brauchen sie auch, um überall ihre Nahrung zu
finden. Wenn etwas „Duftes" ihre Aufmerksamkeit erregt, richten sie ihren Kopf
schräg nach oben in diese Richtung und
saugen mit ihrer gekerbten Nase den Geruch geradezu ein. Haben sie so angepeiltes
Futter gefunden, wird es vor dem Fressen
eingehend beschnüffelt.

Auch jede Kontaktaufnahme unter Artgenossen beginnt mit der Nase. Die Tiere erkennen sich gegenseitig am Körpergeruch
und an ihren Duftmarken. Der Duft spielt
also eine große Rolle, gerade bei der inner-
artlichen nonverbalen Kommunikation –
aber auch beim Erkennen von Menschen
oder von möglichen Feinden. Auf unbekannte Gerüche wie Putz- oder Toiletten-
artikel, Zigarettenrauch und manche
Küchendüfte reagieren Meerschweinchen
mit deutlichem Unbehagen.

Das Näschen ist immer in Aktion.

107

Beneidenswertes Gehör

Meerschweinchen hören fast das Gras wachsen. Wie könnte es auch anders sein: Als Fluchttiere brauchen sie ein überdurchschnittliches Gehör, das weitaus besser ausgeprägt ist als unser eigenes. Besonders hohe und helle Töne werden gut wahrgenommen. Die relativ großen, unbehaarten Ohrmuscheln werden „auf Empfang" voll entfaltet nach vorn gestellt, damit ihnen ja nichts entgeht.

Dadurch werden Meerschweinchen bei uns zum stets präsenten und zuverlässigen Wächter jeder Tür – vor allem der, durch die ihr Mensch mit dem Futter kommt. Ihren menschlichen Partner erkennen die pfiffigen Meerschweinchen bereits am Schritt, oft schon auf der Treppe, und reagieren genauso wie beim Rascheln einer Tüte oder vermeintlichen Futterpackung mit lautem und aufgeregtem Pfeifen und Gequieke.

Jeglicher Lärm im Hochfrequenzbereich (Radio, TV etc.) ist den Meerschweinchen ausgesprochen zuwider, und Dauerbeschallung macht sie krank. Bei plötzlichem Krach geraten sie leicht in Panik und rennen nahezu kopflos gegen allerlei Gegenstände, die auf ihrem Fluchtweg liegen. Denn sie haben in dieser Situation keine Zeit, um im Nahbereich zu schnüffeln. Im besten Fall ducken sie sich aus Angst starr verharrend auf den Boden oder finden auf Anhieb den Eingang ihrer Behausung.

Guter Geschmack

Meerschweinchen sind ausgesprochene Leckermäulchen. Dies weiß jeder, der die ewig hungrigen Kerlchen schon einmal gepflegt hat. Sie mögen, bei häufig wechselnden Vorlieben, manches ganz besonders und anderes, z. B. Saures, lehnen sie ab und verziehen geradezu angewidert das

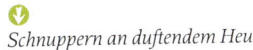

Meerschweinchen haben ganz unterschiedliche Geschmacksvorlieben.

Schnuppern an duftendem Heu

Näschen. Leider wird auch Unbekömmliches gefressen, wenn es nur schmeckt. Deshalb muss man unsere Meerschweinchen davor schützen. Bei der Entwicklung zum Heimtier scheinen ihre Instinkte doch etwas gelitten zu haben.

Sensible Tasthaare

Meerschweinchen reagieren über ihre Tast- und Sinneshaare am ganzen Körper auf Berührungsreize. Die steifen Sinneshaare auf und neben der eingekerbten Oberlippe überragen die Körperbreite und verhindern, dass das Tier beim Einfahren in den dunklen Bau oder während der Dämmerung oder im Zwielicht irgendwo aneckt. Die Tasthaare sind relativ steif, und ihre Wurzeln ragen in ein mit Blut gefülltes Säckchen. Bei Bewegung der Haare werden Tastkörperchen gereizt. An diesen Haaren darf man nie zupfen oder sie gar kürzen.

Erhöhte Aussichtsplätze sind beliebt.

Verhalten beobachten
So gut verstehe ich meine Meerschweinchen

Meerschweinchen sind reinliche Tiere, die sich regelmäßig putzen: hingebungsvoll wird das Fell beleckt und beknabbert und mit den Pfötchen glattgestrichen.

Da sie nicht alle Körperstellen gut erreichen können, genießen die Meerschweinchen es, sanft gestreichelt und durchgekrault zu werden.

Unterwegs im Gänsemarsch – so bleiben die Gruppenmitglieder untereinander Kontakt. In ihrer Heimat ist das eine sinnvolle Strategie, wenn die Meerschweinchen zwischen hohem Gras und Gestrüpp zur Futtersuche unterwegs sind.

Das gegenseitige Beschnuppern an Nase und Hinterteil ist eine freundliche Begrüßung. Die Tiere erkennen so den anderen an seinem typischen Geruch.

Meerschweinchen sind nicht futterneidisch. Oft rufen sie die anderen Gruppenmitglieder herbei, wenn sie etwas Leckeres zu fressen gefunden haben.

Verhaltensprobleme lösen

Manchmal zeigen die Meerschweinchen Eigenheiten oder lästiges Verhalten. Dann ist guter Rat teuer. Aber zum Glück sind solche Verhaltensauffälligkeiten meist erklärbar und lassen sich auch wieder ändern. Hier finden Sie Rat.

Gegenseitiges Fellabknabbern

Muttertiere knabbern z. B. das Fell der Babys und umgekehrt. Häufiger ist dies bei Langhaartieren zu beobachten. Die Ursache ist ein akuter Mineralstoffmangel.
Abhilfe Man bietet dann ein gutes Mineralstoffpräparat sowie einen Nagerstein an und füttert noch abwechslungsreicher, vor allem frische Wildpflanzen. Gegen Fellknabbern aus Langeweile hilft viel Auslauf in abwechslungsreicher gestalteten Umgebung, frische Zweige zum Nagen und mehr Beschäftigung (👁 Seite 81). Wenn nichts hilft, trägt man etwas Essig oder Wermuttinktur an den bevorzugten Stellen auf.

Meerschweinchen sind Gruppentiere. Allein gehalten kümmern sie.

Knabbern an den Gitterstäben

Dies kann mehrere Ursachen haben: Das Tier kann Hunger haben, es kann eine Protesthandlung sein. Es will hinaus und laufen oder zu einem Artgenossen oder sucht nach Beschäftigung oder Zuwendung.

Abhilfe Man muss die Ursache ergründen, um sie abstellen zu können. Wenn nichts anderes hilft, verwendet man die Wermuttinktur, die man auf die Gitterstäbe aufträgt.

⊙ *Spiel- und Beschäftigungsangebote beugen Trägheit und Langeweile vor.*

Nagen an der Nippelflasche

Auch für diese Verhaltensauffälligkeit kann Langweile eine Ursache sein.
Abhilfe Am besten füllt man das Trinkwasser in einen schweren, standsicheren Napf und bietet den Meerschweinchen außerdem ein abwechslungsreich gestaltetes Gehege und frische Zweige zum Nagen.

Festes Kneifen bis zum Biss

Das Tier ist noch fremd, es hat Angst, will seine Ruhe oder wird ungeschickt, mit zu festem Griff gehalten oder getragen, oder es wird bei der Körperpflege unmutig. Hin und wieder ist dies auch bei Tieren zu beobachten, die nicht auf den Menschen geprägt sind oder die sich gestört fühlen, wenn man bei ihnen etwas mit Gewalt erreichen will.
Abhilfe In diesen Fällen muss man, wie auf S. 34 beschrieben, vorgehen. Auch bei einer fremden Person oder wenn man einen irri-

tierenden Geruch (Seife, Deo etc.) an sich hat, kann Panik auftreten. Vielleicht verspürt das Tier auch Schmerzen (immer an der gleichen Stelle?). Dies könnte der Fall sein, wenn es sonst immer friedlich war.

⊙ *Bei behutsamer Gewöhnung werden Meerschweinchen bald zutraulich.*

⊙ *Kleine Ruhepause nach dem Spielen.*

wegziehen). Schlechte Erfahrungen merken sie sich gut und reagieren entsprechend.

Panik oder Stress

Meerschweinchen sind Gewohnheitstiere. Sie brauchen ihre Ordnung in vertrauter Umgebung. Wer das Heim dauernd umstellt, ihre Umgebung fortwährend verändert oder sie von wechselnden Bezugspersonen pflegen lässt, stürzt sie in Dauerstress. Panik kann die gleichen Ursachen haben, z. B. schlechte Erlebnisse. Oder sie reagieren instinktgeleitet – vor allem wenn sie erschrecken.

Abhilfe Schalten Sie die geschilderten Stressfaktoren aus und sorgen Sie dafür, dass Ihre Meerschweinchen wieder zur Ruhe kommen.

Meerschweinchen sind außerdem an manchen Stellen kitzelig und reagieren mit Körperzucken und zeigen ihren Unmut mit Gurren oder Kopfstoßen, aber auch mit einem Biss, wenn ihnen keine andere Wahl mehr bleibt. Ebenso unmutig können sie werden, wenn man sie neckt (z. B. Futter

Panik beim Öffnen der Heimtür

Gerät ein Tier in Panik, wenn man die Tür des Heimes öffnet, dann lockt man mit Futter, öffnet die Tür ganz vorsichtig und nimmt das Tier erst dann heraus, wenn es keine Scheu mehr zeigt ( S. 34).

⊙ *Leckeres Grünzeug – wer kann da schon widerstehen?*

Aufreiten

Aufreiten, auch durch Weibchen, ist oft eine Dominanzgeste. Das Meerschweinchen demonstriert damit seine höhere Rangposition.

Anknabbern von Tapeten

Knabbern Ihre Meerschweinchen an Tapeten, Möbeln und ausgelegten Zeitungen, muss dies unbedingt verhindert werden. Denn es ist gesundheitsschädlich. Meistens handeln die Tiere nur aus Langeweile.
Abhilfe Sorgen Sie für Abwechslung und stellen Sie die Haltungsbedingungen um: viel Freilauf, artgerechte Beschäftigung, Zweige zum Nagen etc. Knabbern kann

man außerdem verhindern, wenn man die Tiere nicht unbeaufsichtigt lässt. Besonders schlaue Tiere verstehen es, wenn man sie bei etwas erwischt, das nicht erwünscht ist, und sie sofort in ihr Heim zurücksetzt. Schreien oder schimpfen Sie nie. Das nützt nichts, sondern erschreckt die sensiblen Meerschweinchen nur.

Lecken am Finger

Lecken und sanftes „Knispeln" machen Meerschweinchen immer dann, wenn unsere Finger etwas salzig schmecken (z. B. von Schweiß). Lassen Sie Ihre Meerschweinchen ruhig an Ihren Fingern lecken.

⬆ *Die Annäherung auf Augenhöhe ist besonders bei scheuen Meerschweinchen hilfreich.*

Gesellschaft für Meerschweinchen

Meerschweinchen brauchen ihresgleichen.

An andere Tiere gewöhnen

Auch völlig unterschiedliche Tierarten können Freunde werden oder die Anwesenheit des anderen wenigstens dulden. Noch bevor sich die Tiere sehen, sollen sie sich bereits gut riechen können. Als Mittler dienen dabei unsere Hände: Mit der einen Hand streicht man über die Einstreu, dann dem Meerschweinchen über den Kör-

per (Kinnpartie und Hinterteil!) und geht dann sofort zu Hund oder Katze im anderen Raum und lässt sie so oft und so lange wie möglich an der Hand schnuppern. Dabei wird mit der anderen Hand über das Fell gestrichen. Damit wird der Geruch des „Neuen" mit etwas Angenehmem verquickt. Die Hand mit dem Hunde- oder Katzenduft wird dann wiederum dem Meerschweinchen vorgehalten. Darüber hinaus legt man Einstreu aus dem Nagerheim mit Haaren neben das Hunde- oder Katzenkörbchen. Erst dann kann man den nächsten Schritt wagen und die Tiere zusammenbringen. Dabei bleibt das Schweinchen erst einmal in seinem Heim. Man spricht ruhig auf die Tiere ein und beobachtet, was geschieht. Streicheln Sie Hund oder Katze dabei! Beim Hund wird ein mögliches Verbellen unterbunden, ebenso, wenn die Katze ins Heim angeln will. Katze oder Hund kann man auch mit Spiel und Belohnung ablenken, bis der „Neue" langweilig und nicht mehr beachtet wird. Jede positive Handlung wird deutlich gelobt und belohnt.

Die beiden darf man nie ohne Aufsicht lassen!

Ein Zwergkaninchen ist kein guter Ersatzpartner.

So entstehen schnell positive Verknüpfungen. Erst wenn in den Käfig hinein keine Aggressionssignale mehr vorhanden sind, kann der Kontakt ohne Gitter vertieft werden, bis sich das Meerschweinchen gefahrlos bewegen kann, ohne den Beutetrieb des anderen auszulösen.

Dazu nimmt man es auf den Schoß, ruft das andere Tier heran, streichelt beide und spricht beruhigende Worte. Grundsätzlich gilt: Immer präsent sein und die Tiere nie ohne Aufsicht eines Erwachsenen allein lassen. Sie sollen sich zwar tolerieren, aber nie zu Spielkameraden werden, weil das Meerschweinchen immer unterlegen sein wird und den Beutetrieb von Hund oder Katze auslösen könnte.

An Artgenossen gewöhnen

Spontan sollte man keine neuen Tiere in eine Meerschweinchengruppe setzen. Man muss mit starkem Territorialverhalten rechnen und sie erst mit dem Gruppenduft bekannt machen, um Reibereien möglichst zu verhindern.

Damit die „Neuen" keine Krankheiten übertragen, pflegt man sie erst einmal 2 bis 3 Wochen in einem anderen Raum und zeigt sie sicherheitshalber dem Tierarzt. Danach stellt man die Heime so auf, dass die Tiere sich sehen, hören und riechen können.

Nach einigen Tagen stäubt man alle mit Trockenshampoo ein, oder man bestreicht sie mit frisch gewaschenen Händen mit einer neutralen Einstreu, sodass sie alle möglichst gleich riechen. Oder man streichelt sie auf dem Schoß, Hinterteil an Hinterteil, um sie dann, am besten auf neutralem Gelände, z. B. beim Freilauf, zusammenzusetzen.

Währenddessen wird das zukünftige gemeinsame Heim gesäubert und mit neuer Einstreu versehen. Damit es keinen Futterneid gibt, wird eine zweite Futter- und Wasserstelle gegenüber angebracht und ein zweites Schlafhaus angeboten.

Kommt es dennoch zu Kabbeleien, kann man ein großes Heim notfalls mit einem Trenngitter oder mit Hasendraht unterteilen.

Nachwuchs bei Meerschweinchen

Die kleinen Nager sind sehr fruchtbar. Weibchen können ca. 20 Junge im Jahr gebären. Manchmal wird man ganz unfreiwillig zum Züchter, wenn man ein Tier erwirbt, das bereits gedeckt war.

Gezielte Zucht

Die gezielte Zucht kann durchaus interessant sein; sie erfordert für ein gutes Gelingen jedoch Verantwortung, Erfahrung und spezielle Kenntnisse (über die Vererbung), viel Zeit und Geld (Tierarzt, Spezialfutter, ein zusätzliches großes Nagerheim usw.). Von Spontanzuchten (z. B. von Kindern) ist daher abzuraten.

Bevor man züchtet, sollte man bei einem erfahrenen Züchter Rat einholen und verschiedene Fragen vorher klären:

- ➡ Für Kids: Sind die Eltern damit einverstanden?
- ➡ Wohin mit den Jungen? Man muss einen guten Platz für jedes einzelne suchen.
- ➡ Stehen genügend große Nagerheime (150 x 70 x 40 cm) zur Verfügung?
- ➡ Der Wurf darf nicht in eine Abwesenheitsphase (Urlaub etc.) fallen.
- ➡ Wissen Sie, was Sie tun müssen, wenn Komplikationen auftreten? Können Sie dann einen erfahrenen Züchter um Hilfe bitten?

Wichtige Voraussetzungen

Die Elterntiere (auch Großeltern) müssen wohlproportioniert, gesund, ohne Missbildungen und von liebenswertem Wesen sein sowie über optimale Instinkte und bestens ausgeprägte Sinne verfügen. Rassetiere sollen typvoll (Rassestandard, 👁 S. 12) und von guter Kondition sein (wie für Ausstellungen, 👁 S. 12). Eine gute Hilfe ist die Ahnentafel oder das Zuchtbuch. Zufällige Verpaarungen zeitigen oft ein wildes Durcheinander im Aussehen.

Meerschweinchen umwerben sich intensiv und geräuschvoll.

öfter als 1- bis 2-mal pro Jahr decken, der Wurfabstand beträgt je nach Konstitution 5 bis 6 Monate. Wenn die Meerschweinchen 4 bis 5 Jahre alt sind, sollte man mit ihnen nicht mehr züchten.

Züchten Sie am besten in der warmen Jahreszeit (nicht zwischen Oktober und März!). Dann gibt es besseres Futter und Wetter.

Werbung und Paarung

Die Männchen sollen etwa 800 bis 1200 g wiegen und über 6 Monate alt sein. Nach dem 4. Lebensjahr sollte man sie nicht mehr zur Zucht einsetzen, obwohl sie bis ins hohe Alter zeugungsfähig sind!
Die Weibchen sollen vital, schlank, bei der Erstzucht mindestens 6, höchstens 8 Monate alt sein und 700 bis 1000 g wiegen. Werden sie früher gedeckt, kommt es zu Wachstumsstörungen und Krankheitsanfälligkeit. Auch mit Komplikationen (Totgeburten) ist zu rechnen. Lassen Sie nicht

Weibchen werden alle 14 bis 18 Tage für ca. 15 bis 30 Stunden brünftig (aufnahmefähig). Dies riechen die Männchen sofort. Sie werben imponierend, stelzen auf durchgedrückten Beinchen und sich wiegend mit Gurren, Brummen und Tuckern um sie herum und suchen Körperkontakt. Ist sie noch nicht bereit oder er ihr nicht genehm, setzt es eine Abreibung, verbunden mit einigen gegenseitigen Urinspritzern. Ist sie aufnahmewillig, wird sie ebenfalls mit Urin bespritzt und duckt sich.

Der Deckakt dauert nur Sekunden, wird aber über einige Stunden mehrmals wiederholt. Dann ist Körperpflege und gemeinsame Ruhe angesagt. Am besten notieren Sie den Tag, um den voraussichtlichen Geburtstermin errechnen zu können.

⬆
Unter Anführung der Mutter erkun den die Kleinen die Umgebung.

Die Trächtigkeit

Das Weibchen kann in seiner gewohnten Umgebung bleiben. Sind mehrere Tiere trächtig, kann es instinktgeleitete Auseinandersetzungen geben. Dann muss man sie getrennt, aber nebeneinander unterbringen. Auch Auslauf kann das Weibchen weiter haben. Es darf beim Einfangen aber nicht gehetzt werden. Vermeiden Sie jeglichen Stress! Tragen Sie es nur, wenn nötig, und dann sehr vorsichtig. Stützen Sie dabei das Hinterteil mit einer Hand ab.

Das Tier wird normal weitergefüttert (nicht zu viel Kraftfutter), erhält aber zusätzliche Vitamine und Mineralstoffe (Vitakalk). Erst die letzten 3 Wochen wird es energiereicher gefüttert (mehr Kraftfutter). Man behält dies bis zum Absetzen der Jungen bei, um ein Energiedefizit zu vermeiden. Die ersten 4 Wochen ist der werdenden Mutter kaum etwas anzusehen. Dann nimmt der Bauchumfang und das Gewicht bis zum 50. bis 52. Tag rapide zu, und die

Babys sind fühlbar. Wer gut hinhört, kann die Jungen sogar im Mutterleib kollern hören. Von jetzt an nimmt das Weibchen nur noch wenig zu. Ab dem 60. Tag kann es sogar geringfügig abnehmen, weil nun weniger Nahrung in den dicken Bauch passt.

Die Geburt

Kurz vor dem Geburtstermin wird das Heim nochmals gesäubert und eine Extraschicht Einstreu gegeben. Wenn die Zitzen und das Gesäuge größer geworden sind

Meerschweinchen sind schon mit acht Wochen geschlechtsreif. Daher muss man die Kleinen vorher trennen.

und die Mutter, sich um die eigene Achse drehend, eine Mulde anlegt, unruhiger wird, mehr hin und her läuft, steht die Geburt bevor. Das Böckchen wird nun entfernt (auf Sichtkontakt weiterpflegen), weil die Mutter schon wenige Stunden nach der Geburt wieder paarungsbereit ist. Jetzt wird auch öfter Blinddarmkot aufgenommen. Der pralle Bauch verlagert sich nun endgültig nach hinten, die Vulva schwillt an und die Wehen setzen ein. Jetzt heißt es, alle Störungen zu vermeiden. Die Geburt findet häufig unbemerkt (während der Dämmerung) innerhalb einer Stunde statt. Dauern die Wehen ohne sichtbares Ergebnis mehr als 1 ½ bis 2 Stunden, müssen Sie unbedingt den Tierarzt verständigen! Die Babys werden nach und nach im Sitzen geboren, die Fruchthülle wird sofort aufgebissen und das Neugeborene sauber und trocken geleckt. Die Fruchthülle und Nachgeburt wird aufgefressen. Dies löst den Milcheinschuss aus.

Daten zur Meerschweinchenzucht

- **Geschlechtsreife** Weibchen 28 bis 35 Tage, Böckchen 6 bis 8 Wochen.

- **Zuchtreife** 6 bis 8 Monate.

- **Paarung** Immer das Böckchen zum Weibchen setzen (beim Zurücksetzen mit Nagerdeo einsprühen, das den Weibchenduft überlagert).

- **Trächtigkeitsdauer** 65 bis 68 Tage (+/− 2 bis 3 Tage).

- **Wurfstärke** meist 2 bis 4 Jungtiere; bei 1 oder über 6 evtl. Probleme.

- **Geburtsgewicht** 50 bis 120 g.

- **Geschlechterverteilung** Es werden etwas mehr Männchen geboren.

- **Trennen** Am Ende der 4. Woche die Jungen von der Mutter und nach Geschlechtern trennen.

- **Abgabe** Mit 6 Wochen und mindestens 350 g Gewicht (wegen der Prägung nicht früher!).

Der Nachwuchs ist da

Die Babys kommen als Nestflüchter mit vollem Fell (bei Langhaarigen zuerst noch kurz), bestens hörend und riechend und mit offenen Augen (bereits 2 Wochen vor der Geburt geöffnet) und vollständigem Gebiss zur Welt (die Milchzähne brechen zwischen dem 43. und 48. Tag der Trächtigkeit schon im Mutterleib durch und werden bis zum 55. Tag wieder resorbiert). Obwohl nur zwei Zitzen vorhanden sind, wird kaum darum gestritten. Schon nach wenigen Stunden kosten die Jungen, was die Mutter frisst – auch den Blinddarmkot, der Immunstoffe, Vitamine (B, K) sowie aktive Darmbakterien enthält –, bis die Kleinen eigenen bilden können.

Während einer Dauer von 3 bis 4 Wochen werden die Jungen gesäugt. Gleichzeitig erhöht sich der Anteil fester Nahrung. Von der Mutter lernen sie, was ihnen bekommt. Je abwechslungsreicher und unterschiedlicher das Futter ist, desto weniger wird es nach der Abgabe Probleme geben. Nun werden die Meerschweinchen auch von ihren Artgenossen geprägt, und der intensive und vielfältige menschliche Kontakt sorgt dafür, dass sie später nicht ängstlich oder menschenscheu sind.

Bereits nach zwei Wochen hat sich das Geburtsgewicht in etwa verdoppelt und nach vier Wochen verdreifacht. Überwachen Sie mit einer Waage unbedingt die Gewichtszunahme!

Junge Meerschweinchen werden drei bis vier Wochen von der Mutter gesäugt, kosten aber auch schon vorher, was die Mutter frisst.

Meerschweinchen-kinder aufziehen

Wenn die Meerschweinchenmutter sterben sollte, können die Babys trotzdem überleben. Je länger sie zuvor bereits von der Mutter gesäugt wurden, desto besser. Ist kein anderes säugendes Meerschwein-chen da, das als Amme eingesetzt werden könnte, besorgst du im Zoofachhandel eine Spezialflasche mit Skala, einen zitzenähnlichen Schnuller und Muttermilchersatz (für Katzenwelpen), den du laut Gebrauchsanweisung zubereitest. Die ersten 4 Tage musst du die Kleinen alle 60 Minuten, dann bis zum 20. Tag 5- bis 6-mal füttern: Um 6.00 Uhr morgens die erste und um 23.00 Uhr die letzte Mahlzeit. Dabei hältst du das Kleine aufrecht in ganz leichter Rückenlage in deiner Hand. Ist es satt, massierst du mit dem Finger das Bäuchlein sehr sanft in Richtung After und entfernst die Aus-scheidungen des Kleinen sofort. Zusätzlich gibst du Babyfutter, klein geschnittenes Heu und kleinste

Eine Amme wäre für verwaiste Meerschweinchen-babys am besten.

Die Mutter bietet nicht nur Nahrung, sondern prägt die Jungen auch.

Auch mit der Flasche aufgezogene Jungtiere haben eine Chance.

Mengen Grünfutter. Während dieser Zeit wird das Baby gut warm gehalten (23 bis 25 °C), viel gestreichelt und, wenn möglich, auch zu seinen Artgenossen gesetzt, damit es nicht nur von menschlichen Geräuschen, Gerüchen und Strei-cheleinheiten geprägt wird, sondern von anderen Schweinchen lernt, wie und was man z. B. alles essen kann.

Zum Weiterquieken
Service

Zum Weiterlesen...

Alberts, Andreas und Peter Mullen:
Giftpflanzen in Natur und Garten.
Kosmos-Verlag 2003.

Beck, Peter und Angela:
**Meerschweinchen – halten & pflegen,
verstehen & beschäftigen.**
Kosmos-Verlag 2007.

Hensel, Wolfgang:
Deine Meerschweinchen.
Was sie brauchen & was sie alles können.
Kosmos-Verlag 2001.

Kremer, Bruno
Giftpflanzen.
Kosmos-Verlag 2002.

Morgenegg, Ruth:
**Artgerechte Haltung – ein Grundrecht
auch für Meerschweinchen.**
Tb-Verlag 2003.

Schönfelder, Peter und Ingrid
Der neue Kosmos-Heilpflanzenführer.
Kosmos-Verlag 2001

Stichmann-Marny, Ursula und Wilfried
Stichmann:
Der Kosmos-Pflanzenführer.
Kosmos-Verlag 2006.

Tellington-Jones, Linda und Sybil Taylor
Der neue Weg im Umgang mit Tieren.
Kosmos-Verlag 2005.

Toll, Claudia:
**Meerschweinchen – erleben,
verstehen, beschäftigen.**
Kosmos-Verlag 2005.

...und Weiterclicken

www.diebrain.de
Mit ausführlichen Informationen, Erfahrungsberichten und Anleitungen zur Meerschweinchenhaltung.

www.meeerschweinchenhilfe.de
Mit zahlreichen Themen rund um die Meerschweinchenhaltung und Meerschweinchen-Vermittlung.

www.fraumeier.org
Zahlreiche Tipps zur artgerechten Haltung und zur Gesundheit von Meerschweinchen.

www.zzf.de
Hier finden Sie die Online-Beratung des Tierarztes Dr. Rolf Spangenberg.

Nützliche Adressen

**Meerschweinchenfreunde Deutschland
(MFD) Bundesverband Deutschland e.V.**
Postfach 25 02 22
D - 68085 Mannheim
www.meerschweinchenfreunde.de

**Verein der Meerschweinchenfreunde
in Österreich**
Oberzellergasse 1/17/9
A - 1030 Wien
www.meerschweinchenverein.at

**Vereinigung der Schweizer
Meerschweinchenfreunde**
Blattengasse 4
CH - 8708 Männedorf
www.meerschweinchenfreunde.ch

Zum Heraustrennen
Praktische Info-Karten

Für den Einkauf

Checkliste für die Grundausstattung

Was meine Meerschweinchen brauchen

○ Großes Meerschweinchenheim (mind. 150 x 75 x 40 cm) mit zweiter Ebene für drei Meerschweinchen

○ Futternapf oder –spender

○ Nippeltränke

○ Zwei Heuraufen mit Abdeckung

○ Schlafhäuschen (für jedes Tier ein Häuschen)

○ Toilettenschale

○ Einstreu: pelletiertes Stroh

○ Nageholz

○ Einrichtung fürs Heim: Hölzer, Korkhöhlen, Baumstümpfe, Steine, Heunest, Flechtkobel, Treppen, Brücken, Wurzeln, und anderes mehr

○ Heu

○ Fertigfuttermischung

○ Knabberfutter

○ Vitaminpräparat mit hohem Vitamin-C-Anteil

Mehr zu diesem Thema finden Sie im Buch ab S. 30

Für die Gesundheit

Gesundheits-Check – Sind meine Meerschweinchen gesund?

Körperbau

○ rundlicher Körper, aber nicht fett

○ gerader Rücken

Fell

○ dicht und glänzend, ohne kahle Stellen, Verkrustungen oder Parasiten

Beine und Pfoten

○ Zehen sind sauber und beweglich

○ bewegen sich flink, locker und frei, ohne zu hinken

Augen

○ weit geöffnet, sauber, glänzend, ohne Verklebungen; nicht tränend oder entzündet

Ohren

○ sauber, ohne Verkrustungen

Nase

○ sauber und trocken

○ wird ständig schnuppernd bewegt

Schwanzregion

○ sauber und trocken

○ kein Durchfall

Zähne

○ gleichmäßig und gerade abgenutzt

○ keine Anomalien oder Fehlstellungen

Wichtige Krankheitssymptome finden Sie im Buch S. 65

Für den Einkauf

Checkliste für den Meerschweinchenkauf

- ◯ Die Tieranlage in der Zoofachhandlung macht einen sauberen und gepflegten Eindruck.
- ◯ Die Gehege sind gut ausgestattet mit Einstreu, Futter, Heu und Wasser, Versteck- und Rückzugsmöglichkeiten.
- ◯ Männchen und Weibchen sind getrennt untergebracht.
- ◯ Die Tiere wiegen mindestens 350 g.
- ◯ Die Meerschweinchen sind munter und fressen mit Appetit.
- ◯ Sie weisen keine Krankheitsanzeichen auf (siehe Karte mit Gesundheits-Check).
- ◯ Nehmen Sie sich Zeit und lassen Sie sich die Tiere Ihrer Wahl vom Zoofachhändler von allen Seiten zeigen.
- ◯ Zoofachhändler oder Züchter sollten sich genügend Zeit für Ihre Fragen nehmen und Sie beraten.

Wichtig! Nehmen Sie zum Kauf auch die Karte mit „Gesundheits-Check: Sind meine Meerschweinchen gesund?"

Für die Gesundheit

Tierarzt-Check – Fragen, die der Tierarzt stellt

- ➥ Wie alt ist das Meerschweinchen? ....
- ➥ Seit wann haben Sie es? ....
- ➥ Wie sind die Haltungsbedingungen? ....
  Größe, Einrichtung des Heims und
  des Freilaufs? ....
  Wo stehen Heim und Freilauf? ....
- ➥ Seit wann sind Veränderungen, Symptome
  aufgetreten? ....
- ➥ Wie sehen diese im Einzelnen aus? ....
- ➥ Wann hat das Meerschweinchen zuletzt
  gefressen? ....
- ➥ Was hat es an Futter bekommen? ....
- ➥ Könnte es in seiner Umgebung etwas
  Schädliches aufgenommen haben? ....
- ➥ Hat es getrunken? Auffallend viel? ....
- ➥ Wie verhält es sich? ....
- ➥ Sind Kotabsatz und Urin normal? ....
- ➥ Bringen Sie eine Kotprobe mit zum Tierarzt!

Mehr zu diesem Thema finden Sie im Buch ab S. 57, 66

Für die Sommerfrische

Checkliste für den Freilauf im Garten

- Die Fläche ist ungedüngt, ungespritzt und frei von Giftpflanzen.
- Es ist draußen warm genug (Boden ab 18 °C).
- Die Tiere haben einen Schutz gegen Wind, Regen und pralle Sonne.
- Der Auslauf ist ein- und ausbruchsicher eingezäunt (auch oben).
- Wasser, Heu und etwas Futter sind vorhanden.
- Eine Schale Stroh zum Kuscheln.
- Mehrere Unterschlupf- und Beschäftigungsmöglichkeiten einplanen: Zum Beispiel Steine, Röhren, Baumscheiben, Stämme, Äste, Wurzeln, erhöhte Aussichtsplätze u. a.
- Wetterfeste, isolierte Hütte aufstellen.
- Die Tier sind bereits an frisches Gras gewöhnt.

Mehr zum Thema Sommerfrische finden Sie im Buch S. 94

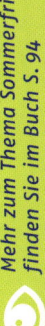

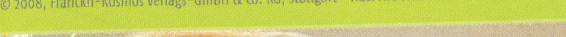

Für das Traumgewicht

Wiegekarte für meine Meerschweinchen

Ein gesundes Meerschweinchen wiegt ca. 900 bis 1400 Gramm, Weibchen sind leichter als Böckchen. Wiegen Sie Ihre Tiere regelmäßig und tragen Sie das Gewicht in die Wiegekarte ein.

Name	Datum	Gewicht

Mehr zum Thema Übergewicht finden Sie im Buch S. 60, Gewichtskontrolle S. 48

Für Sammler

Frische Kräuter, die gut schmecken

Angegeben ist Blütezeit und Größe der Pflanzen.

Gänseblümchen
Februar – November,
3 – 10 cm

Spitzwegerich
Mai – Oktober,
5 – 60 cm

Vogelmiere
März – Oktober,
8 – 60 cm

Gemeine Schafgarbe
Juni – Oktober,
15 – 50 cm

Echte Kamille
Mai – August,
15 – 30 cm

Mehr zum Thema finden Sie im Buch S. 44

Für Beobachter

Das Meerschweinchen-Labyrinth

Sie brauchen

- 1 Karton
- Mehrere ca. 20 cm breite Kartonstreifen unterschiedlicher Länge
- 1 Stift
- Ungiftigen Bastelkleber

So wird's gemacht

- Zuerst die Strecke auf den Boden des Kartons aufzeichnen, dabei auch verschiedene Kreuzungen und blind endende Gänge aufmalen. Kartonstreifen auf die Strecke stellen und zurechtbiegen.
- Streifen an der Längsseite umknicken und an den Ecken einschneiden. Auf diese Fläche Kleber auftragen und Wände in das Labyrinth kleben. Trocknen lassen.
- Leckerchen im Labyrinth verteilen und das Meerschweinchen hineinlocken.
  Beobachten Sie und stoppen Sie die Zeit: Wie lange braucht es bis zum Ziel? Wird es mit der Zeit schneller? Was passiert, wenn Hindernisse hineingestellt werden?
- Am Ende des Labyrinths wartet immer eine leckere Überraschung.

Mehr zum Thema Spielideen finden Sie im Buch ab S. 81

Für Sammler

Knabberspaß aus der Natur

Wilder Apfel
April – Mai

Hasel
Februar – April

Erle
März – April

Birke
April – Mai

Wilder Birnbaum
April – Mai

Mehr zum Thema finden Sie im Buch ab S. 44

Für Beobachter

Der Meerschweinchen-Wettlauf

Sie brauchen
- Zwei Meerschweinchen
- Petersiliensträußchen oder andere Leckerbissen
- Stoppuhr

So wird's gemacht
- Legen Sie die Petersilie bzw. den Leckerbissen aus.
- Zeigen Sie den beiden Meerschweinchen den Leckerbissen, ohne sie davon fresssen zu lassen.
- Bringen Sie die beiden Tiere in einiger Entfernung zu den Leckerbissen in Startposition.
- Lassen Sie beiden los und starten Sie die Stoppuhr.
- Welches Tier ist zuerst am Ziel? In welcher Zeit? Aufschreiben!
- Laufen die Meerschweinchen schneller, wenn Sie andere Leckerbissen anbieten?

Mehr zum Thema Spiele und Beschäftigung finden Sie im Buch ab S. 81

Für den Urlaub

Pflegeplan für den Tiersitter

Die tägliche Versorgung

- Futternäpfe und Tränke säubern
- Alle Nassfutterreste entfernen, auch aus dem Schlafhäuschen
- Einstreu aus der Klo-Ecke gegen frische austauschen
- Kleine Beschäftigungsrunde einplanen
- Frisches Wasser in die Tränke füllen
- Langhaarige Meerschweinchen kämmen

Der tägliche Speiseplan pro Meerschweinchen

- 2 bis 3 Esslöffel Fertigfuttermischung
- 1 Stück Apfel
- 1 Stückchen Möhre oder anderes Gemüse
- Handvoll Heu
- Zweige zum Nagen
- frisches Wasser mit Vitamin-C-Zusatz

Mehr zum Thema Urlaub finden Sie im Buch S. 54, Spielideen S. 88, 92, Fütterung ab S. 38

Für Eintragungen

Tierpass für meine Meerschweinchen

Namen ....
....

Geburtsdaten ....
....

Geschlecht ....
....

Gekauft am, bei ....
....

Rasse ....
....

Farbe ....
....

Besondere Merkmale...............................
....

Erkrankungen ....
....

Mehr zum Thema Urlaub finden Sie im Buch S. 54, Spielideen S. 88, 92, Fütterung ab S. 38

Für den Urlaub

Kurz-Check Gesundheit

- ⃝ Die Meerschweinchen sind lebhaft, neugierig, bewegungsfreudig.
- ⃝ Sie fressen und trinken normal.
- ⃝ Sie putzen sich ausgiebig, laufen locker ohne zu humpeln.
- ⃝ Die Ausscheidungen sind normal
- ⃝ Das Fell ist sauber, dicht und glänzend.
- ⃝ Das Näschen trocken bis leicht feucht und sauber.
- ⃝ Die Augen sind blank und weit geöffnet.
- ⃝ Die Ohren sind sauber ohne Fremdkörper und Verkrustungen.

Wichtige Adressen für den Notfall

- ➡ ....
....
- ➡ ....
....
- ➡ ....
....

Wichtige Krankheitssymptome finden Sie im Buch S. 65

Für Eintragungen

Wichtige Adressen

- ➡ Zoofachhändler.................................
....
....
....
- ➡ Tierarzt ....
....
....
....
- ➡ Tierklinik für den Notfall.......................
....
....
....
- ➡ Verein ....
....
....
- ➡ Urlaubsanschrift ....
....
....

Mehr zum Thema Urlaub finden Sie im Buch S. 54
Spielideen S. 88, 92 Fütterung ab S. 38